# 检测与控制应用技术

王根平　主　编

付　强　刘佳琛　副主编

清华大学出版社

北京

## 内 容 简 介

本书内容包括检测技术和控制技术两部分,检测技术与控制技术密不可分,检测是控制的基础,没有检测就没有控制。在检测技术部分,本书兼顾了传统检测技术和现代检测技术的内容。具体包括:检测的基本概念和检测性能指标的基础知识;传统检测技术包括电阻式传感器与检测技术、霍尔传感器与检测技术、热电偶传感器与检测技术、光电传感器与检测技术;现代检测技术包括超声波传感器与检测技术、视频传感器与检测技术。为了加强学习效果,相关概念和检测技术都提供了相应的实验项目,学生可以通过项目操作了解和掌握相关概念和应用技术。在控制技术部分,本书讲解了控制系统的组成与基本概念、控制系统的传递函数表示方法、PID控制技术以及控制系统的具体项目应用。

本书可作为高职专科和本科自动化技术类、仪器仪表技术类、检测类等相关专业的教材,也可以作为相关领域的工程师和技术人员的实践参考用书。

**图书在版编目(CIP)数据**

检测与控制应用技术/王根平主编.—北京:清华大学出版社,2024.4
ISBN 978-7-302-65982-2

Ⅰ.①检… Ⅱ.①王… Ⅲ.①自动检测 ②自动控制 Ⅳ.①TP27

中国国家版本馆 CIP 数据核字(2024)第 070990 号

责任编辑:颜廷芳
封面设计:刘　键
责任校对:李　梅
责任印制:杨　艳

出版发行:清华大学出版社
　　　　　网　　址:https://www.tup.com.cn, https://www.wqxuetang.com
　　　　　地　　址:北京清华大学学研大厦 A 座　　邮　　编:100084
　　　　　社 总 机:010-83470000　　邮　　购:010-62786544
　　　　　投稿与读者服务:010-62776969, c-service@tup.tsinghua.edu.cn
　　　　　质量反馈:010-62772015, zhiliang@tup.tsinghua.edu.cn
　　　　　课件下载:https://www.tup.com.cn,010-83470410
印 装 者:三河市龙大印装有限公司
经　　销:全国新华书店
开　　本:185mm×260mm　　印　张:8.25　　字　　数:184 千字
版　　次:2024 年 4 月第 1 版　　印　　次:2024 年 4 月第 1 次印刷
定　　价:29.00 元

产品编号:100830-01

前◆言

本书采用丰富多样的项目形式编写,其中有应用项目技术分析,将项目中的主要技术揭示给读者,便于读者理解项目涉及的应用技术;有动手搭建电路和编程的实验项目,帮助读者建立从概念设计、方案形成到项目具体实现的知识体系,并提升相关的实践技能和动手能力;还有通过 LabVIEW 系统平台模拟仿真系统信号转换过程的项目,便于读者了解相关技术的信号转换过程,从而领会和掌握所学系统和相关技术。

全书内容分为两个部分,共十一章。其中,第一章到第七章为检测技术部分,第八章到第十一章为控制技术部分。

在检测技术部分,第一章介绍了传感器的一些核心概念,通过案例分析及引入信号仿真项目让读者加深对相关概念的理解,形成应用传感器进行检测的完整基础知识体系,并掌握基本操作技能。

第二章到第六章分别介绍了电阻式传感器、霍尔传感器、热电偶传感器、光电传感器、超声波传感器技术。

第七章介绍了新兴的视频检测技术,对从光信号到电信号,再从电信号到数字信号的整个转换过程做了完整的讲解。进而通过对彩色照片和黑白照片的像素分析介绍了视频识别技术和相关算法的应用。最后,基于这些概念和技术,帮助读者完成二维码及光学文字识别项目。

在控制技术部分,第八章讲述了控制系统及其基本概念,并提供了相关的系统分析项目;第九章简单扼要地介绍了控制技术的传递函数基础,让读者学会如何应用传递函数简化运算和表达控制系统;第十章介绍了 PID 控制技术,通过 PID 参数整定及 PID 控制仿真项目,使读者掌握 PID 控制的特点,并了解如何选择算法种类及怎样进行参数设置;第十一章介绍了控制系统设计及应用技术,本章将相关控制技术的概念和技术综合应用到系统设计和优化控制实践中,以实现控制系统理论和技术的结合。

本书可作为高职专科和本科自动化技术类、仪器仪表技术类、检测类等相关专业的教材,也可以作为相关领域的工程师和技术人员的实践参考用书。

由于编者水平有限,书中难免有疏漏之处,恳请读者批评、指正。

编　者

2024 年 1 月

目 ◆ 录

## 第一部分 检 测 技 术

# 第二部分　控 制 技 术

# 第一部分　检测技术

# 第一章

# 传感器系统

## 1.1 传感器系统的基本概念

在日常生活和各种工业生产中,检测是靠传感器系统完成的。要理解传感器系统的概念,就需要了解什么是检测,并了解检测与传感器系统组成的相关概念。

### 1.1.1 检测的概念

检测就是利用各种物理、化学效应,选择合适的方法与装置,将生产、科研、生活等各方面的相关信息通过检查与测量的方法赋予定性或定量的结果的过程。

上述检测的概念包含四个方面的信息:①被检测对象;②所利用的检测效应;③检测装置;④检测的定性或定量的结果。其中,核心要素是检测装置,检测过程就是检测装置利用检测效应,对被检测对象进行检查与测量,输出定性或定量结果的过程。一般而言,检测装置的最常见形式就是传感器系统。

### 1.1.2 传感器系统组成

**1. 传感器定义**

广义的传感器是指能感受被测量信息,并对感受到的信息进行检测,按一定规律变换成电信号或其他所需要形式进行信息输出的装置。

狭义的传感器是指将被检测非电量转换成电量的装置。

狭义定义基本反映了传感器的本质。一般的检测量都是非电量,如温度,压力等。检测这些非电量的前提就是将这些非电量通过物理或化学等效应转换成电量。

电量就是与电信号相关的量,如电压、电流、电阻、电感、电容等。由于已经对电量的研究非常透彻,电信号之间的转换涉及的方法及元器件非常成熟,一旦转换成为电量,就可以很容易地将相关电量转换成所需要的电量形式和大小。

### 2. 传感器系统

方框图由表示元器件或装置的方框和表示信号及信号方向的箭头组成。系统一般都由方框图来表示。如图 1-1 所示即为传感器系统组成框图。

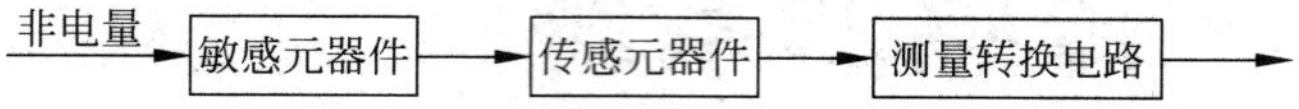

图 1-1　传感器系统组成框图

从传感器系统组成框图可以看出,传感器系统由敏感元器件、传感元器件和测量转换电路组成。敏感元器件是指传感器中直接感受被测量的元器件,被测量通过敏感元器件被转换成与被测量有确定关系的、更易于转换成电参量的非电量。传感元器件将非电量转换成电参量。测量转换电路则将上述电参量转换成易于处理的电压、电流量等。

注意,并不是所有的传感器都有敏感元器件和传感元器件,有些传感器二者是合二为一的(合称传感元器件)。

## 1.1.3　传感器性能指标

在进行检测时,需要选择合适的传感器。在进行选择时,首先需要了解传感器的性能指标。在实际使用中,传感器的主要性能指标如下。

(1) 灵敏度。灵敏度是指传感器输出变化值与输入变化值之比,用字母 $K$ 表示,即:

$$K = \frac{\mathrm{d}y}{\mathrm{d}x} \approx \frac{\Delta y}{\Delta x}$$

式中,变量 $x$、$y$ 分别为传感器的输入、输出信号。对于线性传感器,灵敏度为常数。

(2) 测量范围。测量范围是指传感器能够测量的下限值($x_{\min}$)至能够测量的上限值($x_{\max}$)之间的范围,表示为 $[x_{\min}, x_{\max}]$。

(3) 量程。量程是指测量的上限值减去下限值之差,即 $x_{\max} - x_{\min}$。

(4) 精度。精度由字母 $S$ 表示,是表征传感器测量准确度的指标。

(5) 分辨力。分辨力为传感器能检测出的最小信号变化量 $\Delta_{\min}$。

(6) 分辨率。分辨率为传感器的分辨力与传感器量程的比值,即 $\dfrac{\Delta_{\min}}{x_{\max} - x_{\min}}$。

## 1.1.4　传感器检测信号的误差

### 1. 绝对误差和相对误差

绝对误差 $\Delta$ 为测量值 $A_x$ 与真值 $A_0$ 之间的差值,即:

$$\Delta = A_x - A_0$$

### 2. 相对误差及准确度等级

相对误差用百分比来表示,一般取正值。相对误差分为示值相对误差和满度(引用)相对误差。

1）示值相对误差

示值相对误差 $\gamma_x$ 用绝对误差 $\Delta$ 与被测量量值 $A_x$ 的百分比表示：

$$\gamma_x = \frac{\Delta}{A_x} \times 100\%$$

2）满度（引用）相对误差

满度相对误差 $\gamma_m$ 用绝对误差 $\Delta$ 与测量仪表的量程 $A_m$ 的百分比来表示：

$$\gamma_m = \frac{\Delta}{A_m} \times 100\%$$

式中，$A_m$ 为测量仪表的满度值即量程。

3）准确度等级（精度）

测量仪表的准确度等级用 $S$ 表示，其值为测量仪表在其量程范围内的最大绝对误差 $\Delta_{max}$ 与测量仪表的量程 $A_m$ 之比的绝对值乘以 100，即：

$$S = \left| \frac{\Delta_{max}}{A_m} \right| \times 100$$

显然，准确度等级是测量仪表的一个关键性能指标，这个关键性能指标主要是由测量中可能出现的最大绝对误差决定的。对于一个给定的测量仪表，可以选择不同的量程，但其准确度 $S$ 是一定的，不会因量程的改变而改变。

准确度等级 $S$ 规定取一系列标准值。我国模拟仪表的系列标准值有七种等级：0.1、0.2、0.5、1.0、1.5、2.5、5.0。

**3. 系统误差、随机误差、粗大误差**

1）系统误差

系统误差为测量装置本身或测量方法带来的误差。这种误差通常会规律出现，可以按一定方法进行修正。

2）粗大误差

由于测量人员的粗心大意或测量仪表突然受到强大的干扰引起的明显偏离真值的误差。这种误差容易判别，在对测量结果进行分析时，应予以剔除。

3）随机误差

随机误差是由各种偶然因素导致且是一种不可避免的误差。该种误差一般按正态分布规律出现，如图 1-2 所示。

随机误差主要规律如下。

（1）有界性。在一定条件下，带有随机误差的测量结果 $x_i$ 有一定的分布范围，超过这个范围的可能性非常

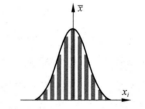

图 1-2 检测值的正态分布图

小。即现实中过大的误差不可能出现，如果出现，应属于粗大误差。

（2）对称性。测量结果 $x_i$ 对称地分布在正态分布图中算术平均值 $\bar{x}$ 的两侧，当测量次数达到一定值时，$\bar{x}$ 两侧的误差可以通过累加平均相互抵消。

（3）集中性。绝对值较小的误差比绝对值较大的误差出现的次数更多，测量值集中分布在算术平均值 $\bar{x}$ 附近。

#### 4. 检测信号的误差处理

根据检测信号的误差特点,为保持检测信号的准确性,可以对检测信号进行误差处理。

(1) 首先剔除明显偏大的粗大误差;

(2) 对有规律的系统误差进行修正;

(3) 对同一个信号进行多次测量,求算术平均值,以尽可能地消除随机误差。公式如下:

$$\bar{x} = \frac{1}{n}\sum_{i=1}^{n}x_i = \frac{x_1 + x_2 + \cdots + x_n}{n}$$

【思政讲堂】 世界上的一切事物都存在偏差,完美的世界并不存在。所以,在人生中应该允许自己和别人犯错,犯错后应该不断反省,找到尽可能避免犯错或减少犯错的方法,降低错误给工作和生活带来的影响。

### 1.1.5　检测系统相关实验的基本操作要求

在检测过程中,相应的操作规范和应具备的基本操作技能关系到检测的安全性和准确性。

检测仪表的
量程选择

#### 1. 检测仪表的量程选择

在用检测仪表测量工作参数时,需要注意两点:①保证测量设备的安全;②提高测量结果的准确度。

在进行测量时,应该先选择测量设备的最大量程,以避免测量的参数值超过量程范围,造成测量仪表的损坏。在了解大概的测量范围后,再选择更合适的测量量程。

什么是更合适的量程? 即在保证测量参数值不超出范围的情况下,选择尽可能小的量程,以减小实际的测量误差。根据精度公式 $S = \left|\dfrac{\Delta_{\max}}{A_m}\right| \times 100$,可得出测量的最大绝对误差 $\Delta_{\max} = A_m \times \dfrac{S}{100}$,在精度不变的情况下,量程 $A_m$ 越大则可能产生的绝对误差越大。

实际测量中,一般选择测量量程为被测参数值的 1.5 倍左右。

检测仪表调零

#### 2. 检测仪表调零

由于组成检测仪表的元器件会存在误差,因此检测仪表一般都存在零偏差,即在测量值为零的情况下,检测仪表的显示值不为零,这个偏差即零偏差。

在使用检测仪表进行测量前都必须先调零,即在测量值为零的情况下,调整使得检测仪表的显示值也为零,以避免测量结果出现固定的零偏差。

检测系统共地

#### 3. 检测系统共地

在利用检测仪表测量有电信号工作的系统时,必须将检测系统的地与被测系统的地连接在一起,以保证检测系统和被测量系统的电平参考基准一致。

# 1.2　应用项目

传感器系统的基础知识需要在项目实践中学习,也可以通过实践项目帮助理解。

## 项目 1-1:数字式电子温度计应用案例解析

使用一台 3.5 位(俗称 3 位半)、精度 0.5 级的数字式电子温度计测量汽轮机高压蒸汽的温度,如图 1-3 所示,数字面板上显示出的数字为测量结果。该三位半数字表的量程上限为 199.9℃,下限为 0℃。

**解析:**

(1) 该仪表的分辨力为 0.1℃,它可以测试显示的最小变化值为 $\Delta_{\min} = 0.1$℃。由于其量程 $D = 199.9$℃ $- 0$℃ $= 199.90$℃,则该测试仪表的分辨率为

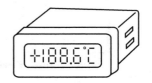

图 1-3　数字检测仪表

$$P = \frac{\Delta_{\min}}{D} = \frac{0.1℃}{199.9℃} \approx 0.05\%$$

(2) 由于其精度 $S = 0.5$ 级,量程 $A_m = 199.9$℃,因此可能产生的最大绝对误差为

$$\Delta_{\max} = A_m \times \frac{S}{100} = 199.9 \times \frac{0.5}{100} \approx 1℃$$

由于该仪表当前显示的示值 $A_x = 180.6$℃,因此测量值的实际真值 $A_0$ 落在 $180.6 - \Delta_{\max}$ 至 $180.6 + \Delta_{\max}$ 之间,即 $179.6℃ \leqslant A_0 \leqslant 181.6℃$。

(3) 该仪表产生的最大示值相对误差和最大满度相对误差分别为

$$\gamma_x = \frac{\Delta_{\max}}{A_x} \times 100\% = \frac{1℃}{180.6℃} \times 100\% = 0.554\%$$

$$\gamma_m = \frac{\Delta_{\max}}{A_m} \times 100\% = \frac{1℃}{199.9℃} \times 100\% = 0.500\%$$

## 项目 1-2:设计实现传感器及信号转换模拟系统

1) 项目任务

利用 LabVIEW 系统平台编程模拟传感器系统

**任务要求:**

(1) 包括传感器组成的敏感元器件、传感元器件、测量转换电路等各个部分;

(2) 能体现传感器各部分的信号转换关系;

(3) 分析说明传感器的性能指标与传感器组成部分或传感器中信号的关系。

2) 项目提示

LabVIEW 系统编程包括程序框图和前面板两部分,程序框图和前面板可以通过 Ctrl+E 组合键进行切换。在程序框图中通过选择算法控件实现信号转换过程;在前面板中可以选择信号的输入端口及显示界面。具体可以参考图 1-4 所示传感器模拟系统程序框图,和图 1-5 所示传感器模拟系统前面板。

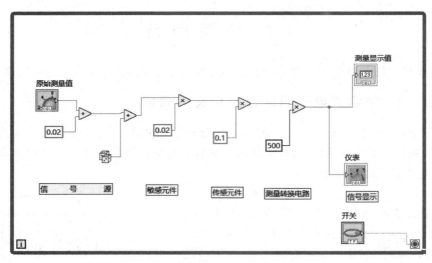

图 1-4　传感器模拟系统程序框图

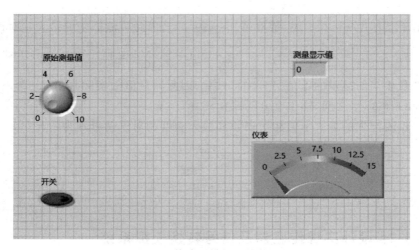

图 1-5　传感器模拟系统前面板

3）项目模拟系统解析

（1）如图 1-4 和图 1-5 所示，传感器的被测信号通过一个旋钮来模拟，可以连续变化，信号变化范围为 0~10。

（2）被测信号中加入了固定误差（0.02）和随机误差。

（3）敏感元器件和传感元器件的灵敏度分别为 0.02 和 0.1，测量转换电路的灵敏度为 500。

4）模拟系统设计

参考图 1-4 和图 1-5，可以设计实现自己的传感器模拟系统，并分析传感器的性能指标与传感器的组成部分和信号的关系。

### 项目 1-3：设计实现传感器信号检测及误差分析系统

1）项目任务

利用 LabVIEW 系统平台编程实现信号检测及误差分析模拟系统。

**任务要求：**

（1）传感器系统的组成包括敏感元器件、传感元器件、测量转换电路。

（2）检测信号中包括系统误差。

（3）检测信号中包括随机误差。

2）项目提示

LabVIEW 系统编程包括程序框图和前面板两部分，程序框图和前面板可以通过 Ctrl＋E 组合键进行切换。在程序框图中通过选择算法控件实现信号转换过程；在前面板可以选择信号的输入端口及显示界面。具体可以参考图 1-6 所示传感器检测信号误差分析模拟系统程序框图和图 1-7 所示传感器检测信号误差分析模拟系统前面板。

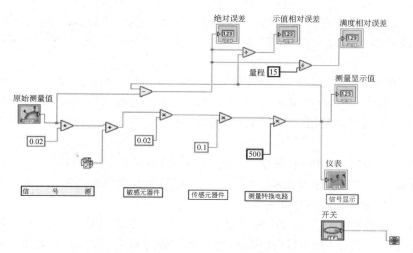

图 1-6　传感器检测信号误差分析模拟系统程序框图

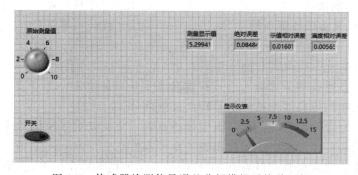

图 1-7　传感器检测信号误差分析模拟系统前面板

# 思 考 题

（1）根据传感器模拟系统的工作原理，传感器的测量范围、灵敏度、分辨力分别是由传感器的哪个或哪些组成部分决定的？

（2）假如要减小检测信号的随机误差，应该如何处理？请在模拟系统中加入相应的计算环节，使测量值更准确。

# 习 题

**1. 单项选择题**

（1）某温度表生产厂家生产的温度表满度相对误差均控制在 0.4%～0.6%，该温度表的准确度等级应定为_____级。另一家仪器厂需要购买温度表，希望温度表的满度相对误差小于 0.9%，应购买_____级的温度表。

    A. 0.5,1.5　　　　B. 1.0,0.5　　　　C. 0.2,0.5　　　　D. 1.0,1.5

（2）某采购员分别在三家商店购买 100kg 大米、10kg 苹果、1kg 巧克力，发现均缺少 0.5kg，但采购员对卖巧克力的商店意见最大。请问产生此心理作用的主要原因是_____。

    A. 绝对误差　　　B. 示值相对误差　　C. 满度相对误差　　D. 准确度等级

（3）在选购线性仪表时，必须在同一系列的仪表中选择适当的量程。这时应尽量使选购的仪表量程为被测量的_____左右为宜。

    A. 1/1　　　　　　B. 2/3　　　　　　C. 3/2　　　　　　D. 5/2

（4）用万用表交流电压挡（频率上限为 5kHz）测量频率为 500kHz、10V 左右的高频电压，发现示值不到 2V，该误差属于_____。用该表直流电压挡测量 5 号干电池电压，发现每次示值均为 1.8V，该误差属于_____。

    A. 系统误差　　　B. 粗大误差　　　C. 随机误差　　　D. 动态误差

（5）重要场合使用的元器件或仪表，购入后需进行高温、低温循环老化试验，其目的是为了_____。

    A. 提高精度　　　　　　　　　　　B. 加速其衰老

    C. 测试其各项性能指标　　　　　　D. 提高可靠性

**2. 简答题**

（1）传感器系统一般由哪几部分组成？

（2）传感器各组成部分的输入信号和输出信号分别是什么？

（3）为什么要用传感器将被测信号转换成电信号？

（4）选择一种传感器（如压力表、温度传感器等），分析其组成及信号转换过程。

（5）在实际的检测过程中应如何正确选择量程？

（6）如果传感器在检测前没有调零，检测结果中会包含固定误差，这个固定误差属于什么误差？为什么？

**3．计算题**

（1）一支温度计的测量范围为0～200℃，准确度为0.5级，试求：

① 该温度计可能出现的最大绝对误差。

② 当示值分别为20℃、100℃时的最大示值相对误差。

（2）欲测240V左右的电压，要求测量示值相对误差的绝对值不大于0.6％，问：

① 若选用量程为250V的电压表，其准确度应选哪一级？

② 若选用量程为300V和500V的电压表，其准确度又应分别选哪一级？

（3）已知待测拉力约为70N左右。现有两只测力仪表，一只为0.5级，测量范围为0～500N；另一只为1.0级，测量范围为0～100N。问选用哪一只测力仪表较好？为什么？

（4）图1-8(a)～(c)所示为不同射击弹着点示意图。请分别说出各包含什么误差。

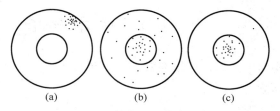

图1-8　射击弹着点示意图

# 电阻式传感器系统及应用

## 2.1  基 本 概 念

电阻式传感器应用非常广泛。学习电阻式传感器,必须掌握相关的基本概念。

### 2.1.1  电阻式传感器

电阻式传感器是将被测非电量转换成电阻变化量的传感器。电阻式传感器有很多类型,如测压力的应变片、测温度的热电阻和热敏电阻等。

**1. 电阻式传感器的参数**

虽然电阻式传感器类型很多,但其工作原理均可由电阻定律的表达式表示(假设将电阻横截面视为圆形):

$$R = \rho \times \frac{L}{S} = \rho \times \frac{L}{\pi \times r^2}$$

一般来说,半导体材料的电阻式传感器,如热敏电阻、湿敏电阻等,温度的变化或湿度的变化会引起半导体电阻率 $\rho$ 的变化,从而导致电阻传感器电阻值发生变化。

应变片型电阻的变化,则是由于压力使应变片中的电阻丝的面积 $S$ (半径 $r$)和长度 $L$ 发生变化,从而导致电阻传感器电阻的变化。

电阻式传感器电阻的变化可以由多个参数引起,在实际利用电阻式传感器进行测量时,一般仅测量电阻式传感器的某一个参数,同时令其他参数基本保持不变,这样可以大大简化传感器设计及应用的复杂程度。

**2. 电阻元器件类型**

电阻元器件的材料一般包括导体和半导体。电阻元器件的应用非常广泛,其类型也比较丰富。

1）压力应变片

应变片通常分为金属应变片和半导体应变片。金属应变片有金属丝式、箔式、薄膜式三种类型，如图2-1所示。

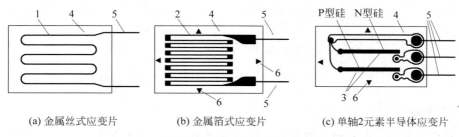

(a) 金属丝式应变片　　　　(b) 金属箔式应变片　　　(c) 单轴2元素半导体应变片

图 2-1　应变片电阻元器件

1—电阻丝；2—金属箔；3—半导体；4—基片；5—引脚；6—定位标记

金属丝式应变片蠕变较大，金属丝易脱胶，可靠性不足。但金属丝式应变片价格便宜，多用于要求不高的应变以及应力的大批量、一次性实验。

金属箔式应变片有良好的加工工艺，多采用电阻率较高、热稳定性较好的箔材料。金属箔式应变片与片基的接触面积比金属丝式应变片大得多，散热条件好，允许大电流通过，而且长时间测量时蠕变也较小。金属箔式应变片一致性好，适合于大批量生产，并被广泛应用于应变式传感器的制作。

半导体应变片是利用半导体材料作为敏感栅，受力时电阻率随应力变化而变化。主要优点是灵敏度高（比金属应变片高几十倍），缺点是一致性差，受环境温度影响比较大。半导体应变片一般应用在半桥和全桥电路，可以通过平衡电桥抵消环境温度等因素的影响。

2）金属电阻

实际工作中通常利用电阻的阻值与电阻的长度成正比的原理，使用金属电阻制作电位器或测量位移角度等参数；还可以利用金属电阻阻值随着温度升高阻值增大的特性测量温度。目前测温用热电阻的制作材料多采用铂和铜。

3）半导体电阻

由于可以通过人为的工艺和不同的材料确定半导体材料的特性，因此半导体电阻应用领域相当广泛。常用的半导体电阻有热敏电阻、湿敏电阻和气敏电阻。热敏电阻具有温度变化时电阻产生相应变化的特性，可以用来测量温度；湿敏电阻具有湿度变化时电阻随之变化的特性，可以用以测量湿度；气敏电阻对含有某些成分的气体敏感，可以用于测量气体的有无或浓度。

## 2.1.2　电阻式传感器信号转换电路

通过检测，电阻式传感器可以得到电阻的变化量，利用转换电路可以将其转换成电压或电流信号。

### 1. 分压电路

分压电路如图2-2所示。

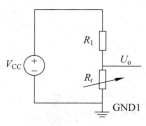

图 2-2　分压电路

当被测非电量引起电阻传感器电阻发生变化时,需要将电阻变化转换成电压(或电流)的变化,才可以方便地对后续信号进行处理。

将电阻变化量转换成电压变化量最简单的电路就是分压电路。分压电路输出电压 $U_o$ 与电阻传感器阻值 $R_t$ 的关系为

$$U_o = \frac{R_t}{R_1 + R_t} V_{CC}$$

**2. 平衡电桥**

平衡电桥是可以比较准确地将电阻变化量转换成电压变化量的一种常用电路。

1)平衡电桥的平衡原理

当平衡电桥达到平衡时,平衡电路的输出电压 $U_o = 0V$,通过推导可以证明实现电桥平衡的条件是 $R_1 \times R_4 = R_2 \times R_3$,或者 $\dfrac{R_1}{R_2} = \dfrac{R_3}{R_4}$。

在平衡电桥中,如果只有一个臂上有电阻传感器,称为单臂平衡电桥。单臂平衡电桥的一个臂上是电阻式传感器,其他三个臂是固定电阻,如图 2-3 所示。可以通过推导得出平衡电桥的输出关系式为

$$\Delta U_o = \frac{E}{4} \times \frac{\Delta R_1}{R_1}$$

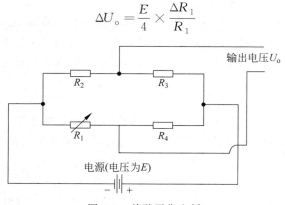

图 2-3　单臂平衡电桥

2)平衡电桥的调零

理论上,当平衡电桥满足平衡关系式 $R_1 \times R_4 = R_2 \times R_3$ 时,平衡电桥处于平衡状态,输出电压 $U_o = 0V$。但是实际上,由于生产工艺等原因,生产的产品总是存在误差,很难生产出满足 $R_1 \times R_4 = R_2 \times R_3$ 的电阻元器件。因此,仅凭上述平衡电桥结构,无法满足平衡电桥的平衡条件。为此,需要为平衡电桥增加调零电路,如图 2-4 所示。

平衡电桥的调零

在调零电路中,$R_5$ 为滑动电阻,$R_6 + R_5$ 左侧部分与 $R_1$ 臂并联,$R_6 + R_5$ 右侧部分与 $R_2$ 部分并联。当滑动电阻 $R_5$ 滑动时,一个并联电阻臂电阻增大,

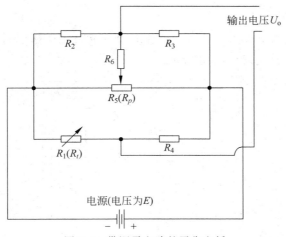

图 2-4 带调零电路的平衡电桥

另一个并联电阻臂电阻减小,满足关系式 $\dfrac{R_1'}{R_2'} = \dfrac{R_3}{R_4}$,其中 $R_1'$、$R_2'$ 分别为两个并联电路的等效电阻值。

**【思政讲堂】** 本章节的内容中,有一个很重要的思想:一个理论要在实践中得到应用,需要根据实际情况进行调整,对成本和性能进行平衡,才能在实际的工程应用中获得良好的效果。能够将理论与实践有效结合是一个工程师应该具备的基本素质。

**3. 平衡电桥的半桥和全桥电路**

1)平衡电桥半桥

在平衡电桥半桥电路中的两个相邻的臂上,由两个变化方向相反的电阻式传感器组成,即当被测非电量变化时,一个电阻式传感器电阻增加,另一个电阻减小,增加或减小的电阻值相同,这样的工作方式也被称为差动工作,如图 2-5 所示。

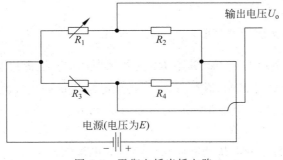

图 2-5 平衡电桥半桥电路

半桥平衡电桥的输出关系式为 $\Delta U_o = \dfrac{E}{4}\left(\dfrac{\Delta R_1}{R_1} - \dfrac{\Delta R_2}{R_2}\right)$,由于 $\dfrac{\Delta R_1}{R_1} = -\dfrac{\Delta R_2}{R_2}$(通过选择合适的电阻式传感器实现),因此有:

$$\Delta U_o = \dfrac{E}{2} \times \dfrac{\Delta R_1}{R_1}$$

2）平衡电桥全桥

平衡电桥全桥电路中的四个平衡电桥臂由四个电阻式传感器组成，每个相邻臂上电阻式传感器变化方向相反，如图 2-6 所示。

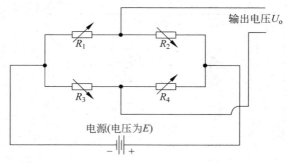

图 2-6　平衡电桥全桥

参考平衡电桥半桥部分的推导，可以得出平衡电桥全桥的输出关系式为

$$\Delta U_{\circ} = \frac{E}{4}\left(\frac{\Delta R_1}{R_1} - \frac{\Delta R_2}{R_2} + \frac{\Delta R_3}{R_3} - \frac{\Delta R_4}{R_4}\right)$$

当 $\dfrac{\Delta R_1}{R_1} = \dfrac{\Delta R_3}{R_3} = -\dfrac{\Delta R_2}{R_2} = -\dfrac{\Delta R_4}{R_4}$ 时（通过选择合适的电阻式传感器实现）有：

$$\Delta U_{\circ} = \frac{\Delta R_1}{R_1} E$$

比较单臂电桥、半桥和全桥电路可以看出，全桥电路的检测灵敏度是单臂电桥的四倍，半桥是单臂电桥的两倍。

# 2.2　应 用 项 目

## 项目 2-1：应用案例解析

图 2-7 为测量温度的电路图。其中 $R_t$ 为热敏电阻，电阻-温度特性公式为 $R_t = 200[1+0.1(20-T)]$，单位为欧姆，其中 $T$ 表示热敏电阻测量的摄氏温度。电源电压 $E_i =$ 12V，电阻 $R_2 = 200\Omega$，$R_3 = R_4 = 100\Omega$，电位器 $R_{p1}$ 和 $R_{p2}$ 的全量程都为 $200\Omega$。

**解析：**

（1）这是一个单臂平衡电桥测温电路。C、D 为电源输出端，$R_{p1}$ 是调零电阻，$R_{p2}$ 是调节电压表满度的可调电阻。在电路调试过程中，应先调零，再调满度。因为调零可以使系统先有一个输出信号的零输出基础，只有在有了准确的零输出基础上，调满度才能准确到位。

（2）假如测试环境温度为 20℃，则 $R_t = 200[1+0.1(20-20)] = 200\Omega$，此时调节 $R_{p1}$，使 $\dfrac{R_t}{R_2} = \dfrac{R_4 + R_{p1左}}{R_3 + R_{p1右}}$，这样，在 20℃时电压表示数为 0，即平衡电桥输出为零。

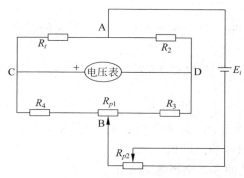

图 2-7　测温平衡电桥电路

（3）根据单臂电桥的电压输出公式

$$U_{\text{CD}} = \frac{E_i}{4} \times \frac{-\Delta R_t}{R_{t20}} = \frac{12}{4} \times \frac{0.1(T-20)}{200}$$

整理可得：$T = \dfrac{2000}{3} \times U_{\text{CD}} + 20$。根据 $R_t = 200[1 + 0.1(20 - T)]$ 可知，温度 $T$ 越高，$R_t$ 越小，$U_{\text{CD}}$ 值越大。当 $U_{\text{CD}} = 3\text{mV}$ 时，$T = 22℃$。

## 项目 2-2：热电阻平衡电路测温实验

热电阻平衡电路
测温实验

1）项目任务

利用热电阻的温度特性及平衡电桥实现测温并做好以下几点。

（1）熟悉和掌握热电阻传感器系统的构成。

（2）了解和掌握热电阻温度特性。

（3）熟悉和掌握平衡电桥的构成和作用。

（4）熟悉和掌握平衡电桥的调零操作。

（5）热电阻传感器测温应用编程。

（6）掌握相关热电阻传感器测温应用知识。

2）项目要求

（1）热电阻传感器能够准确、实时检测和显示环境温度。

（2）搭建电路步骤合理，注意接线顺序。

（3）能够正确调试电路，能够用万用表排除断路和短路故障。

（4）能够正确使用测试仪表测量电路。

（5）能够正确分析传感器系统中的信号转换过程。

3）项目提示

（1）该实验可以在美国 NI 公司的 ELVIS 实验板上搭建电路，也可以用一般的面包板完成实验。

（2）热电阻温度-电阻特性测试。

原理说明：热电阻的温度-电阻特性准确地说是一根曲线，但在一定的测量范围内非常接近于直线。因此在应用中，电阻的温度-电阻特性往往被当作直线处理。

操作步骤如下。

① 改变热电阻感应的温度(至少令其处于两个不同的温度)并分别测出不同温度下对应的电阻值。

② 根据所测出的两个不同温度及分别对应的电阻值,确定所测热电阻的测温特性直线为

$$\frac{t-t_2}{R_t-R_{t2}}=\frac{t_1-t_2}{R_{t1}-R_{t2}}$$

式中,$t$ 表示温度的变量,$R_t$ 表示热电阻的变量,$R_{t1}$、$R_{t2}$、$t_1$、$t_2$ 分别是第一次和第二次测得的热电阻值及对应的温度值。

(3) 热电阻温度测试的平衡电桥电路搭建。

其原理是利用热电阻温度-电阻特性关系式,通过热电阻测量温度。其信号的变化过程是温度的变化导致热电阻的变化,热电阻的变化又导致分压电压值的变化,最后通过测量平衡电桥电压的变化算出温度的变化。图 2-8 为热电阻测温平衡电桥电路原理图。图中,$R_1(R_t)$ 是热电阻,$R_2$、$R_3$、$R_4$ 分别是 1kΩ 左右的固定电阻,$R_5(R_p)$ 是滑动可调电阻,$E$ 为电源,$U_o$ 为平衡电桥输出电压。通过计算整理可以得到热电阻与温度的转换关系式:$\Delta U_o=\frac{E}{4}\times\frac{\Delta R_t}{R_1}$,式中,$R_1$ 为常温下热电阻阻值,$\Delta R_t$ 为热电阻在常温基础上改变温度导致的电阻变化量。

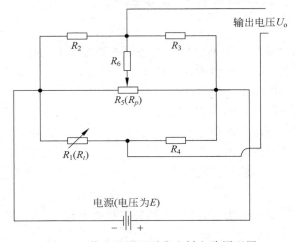

图 2-8　热电阻测温平衡电桥电路原理图

(4) 平衡电桥调零。操作步骤如下。

① 打开系统电源,分别打开系统总开关和原型面包板开关,电路开始工作。

② 顺时针和逆时针旋转滑动电阻 $R_5(R_p)$ 的旋钮,查看万用表的平衡电桥输出电压 $U_o$ 的变化,直到电压为 0 或接近于 0(在正负几毫伏之间变动),表示平衡电桥已调零。

(5) 通过 LabVIEW 编程实现通过计算机采样分压电路电压输出值计算输出对应的温度值,实现热电阻传感器温度自动检测功能。

操作步骤如下。

① 将平衡电桥的输出电压 $U_o$ 的输出信号线接入 ELVIS 的模拟输入口,如 $A_o$ 输入口;

② 启动 LabVIEW 系统的范例子程序,在 LabVIEW 系统帮助中查找范例程序,选择硬件输入与输出中的 DAQmx,再选择其中的电压连续输入子程序,如图 2-9 所示。

图 2-9　启动模拟信号输入采样显示范例子程序

③ 对模拟信号输入采样显示范例子程序进行修改,将模拟 N 通道改成单一采样,并接入自己的子程序或自己的公式节点程序模块,以实现范例程序对实验电路信号的采样显示。

图 2-10(b)中子程序 1 为根据平衡电桥的电压与可变电阻的输出关系式,将电压值转换为电阻值的子程序;子程序 2 为根据热电阻特性方程,将电阻变化值转换为温度变化值的子程序。

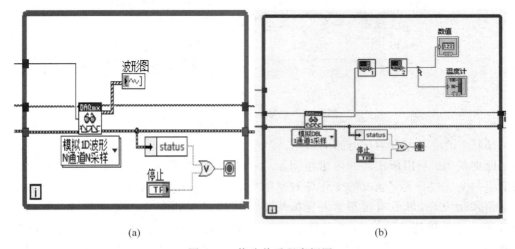

(a)　　　　　　　　　　　　　　(b)

图 2-10　修改前后程序框图

## 项目 2-3：热敏电阻分压电路测温实验

1）项目任务

利用热敏电阻的温度特性实现测温并做到以下几点。

（1）熟悉和掌握热敏电阻传感器系统的构成。

（2）了解和掌握热敏电阻温度特性。

（3）掌握热敏电阻传感器测温特性编程。

（4）掌握热敏电阻传感器测温知识的应用。

2）项目要求

（1）热敏电阻传感器能够实时、准确检测和显示环境温度。

（2）搭建电路步骤合理，注意接线顺序。

（3）能够正确调试电路，能够用万用表排除断路和短路故障。

（4）能够正确使用测试仪表测量电路。

3）项目提示

（1）该项目建议在 NI 公司的 ELVIS 系统电路板上搭建电路，并通过 LabVIEW 编程，实现 LabVIEW 对温度的检测显示。

（2）热敏电阻温度-电阻特性测试。热敏电阻的温度-电阻特性准确地说是一根曲线，但是考虑到实验的方便，而且在实验室的环境下温度变化范围很小，所以可以在实验室温度环境下将热敏电阻的温度-电阻特性当作直线进行处理，这样做的误差并不会很大。如图 2-11 所示为热敏电阻温度特性图。

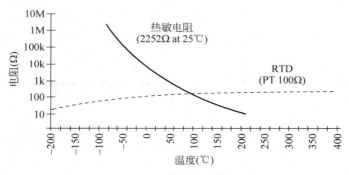

图 2-11　热敏电阻温度特性图

（3）热敏电阻温度测试电路的搭建。

原理说明：利用所得到的热敏电阻温度-电阻特性关系式，通过热敏电阻测量温度，其信号的变化过程是：温度的变化导致热敏电阻发生变化，热敏电阻的变化又导致分压电压值发生变化，最后通过测量电压的变化计算出温度的变化。这个测量过程可以通过搭建一个简单的分压电路来实现。分压电路中采用热敏电阻和一个固定电阻串联实现。如图 2-12 所示为热敏电阻测温转换电路原理图。通过计算整理可以得到热敏电阻与温度的转换关系式：$R_t = \dfrac{u}{V_{CC} - u} R$，其中，$R_t$ 是热敏电阻，$u$ 为对应电压值；$V_{CC}$ 是电源电压，$R$ 是固定电阻。

（4）通过 LabVIEW 编程实现利用计算机采样分压电路电压输出值计算输出对应的温度值，实现热敏电阻传感器温度自动检测功能（参考项目 2-2 热电阻平衡电路测温实验中操作步骤 3，通过 LabVIEW 编程实现温度信号计算机采样显示）。

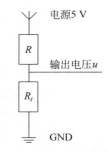

图 2-12　热敏电阻测温转换电路原理图

## 项目 2-4：基于 LabVIEW 系统平台的模拟仿真实验

1）热电阻平衡电路测温实验的模拟仿真实验

（1）热电阻平衡电桥测温电压采样过程编程。

将热电阻平衡电桥电路测温实验的电压采样过程通过编程仿真实现（程序框图如图 2-13 所示）。

该过程包括以下两个步骤：

① 编程仿真实现将温度变化转换成电阻变化的过程；

② 编程实现将电阻变化转换成电压变化的过程。

图 2-13　热电阻平衡电桥测温电压采样模拟仿真框图

（2）热电阻平衡电桥电压信号转换成温度过程编程。

热电阻平衡电桥测温仿真实验模拟电压信号转换成温度过程包括以下四个步骤：

① 调用电压采样子程序；

② 将电压变化信号转换成电阻变化信号；

③ 将电阻变化信号转换成温度变化信号；

④ 显示温度值。

具体过程如图 2-14 所示热电阻平衡电桥测温仿真实验程序框图，仿真过程结果通过前面板显示。图 2-15 所示为热电阻平衡电桥测温仿真实验前面板。

2）热敏电阻分压电路测温实验模拟仿真

（1）热敏电阻实验的电压采样过程编程。

将热敏电阻实验的电压采样过程通过编程仿真来实现，程序框图如图 2-16 所示。

该过程包括以下两个步骤：

① 编程仿真实现将温度变化转换成电阻变化的过程；

② 编程实现将电阻变化转换成电压变化的过程。

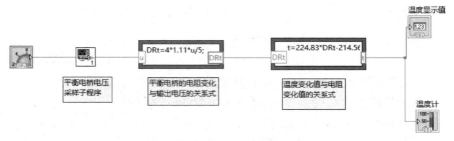

图 2-14　热电阻平衡电桥测温仿真实验程序框图

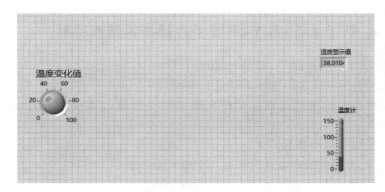

图 2-15　热电阻平衡电桥测温仿真实验前面板

图 2-16　热敏电阻测温模拟仿真电压采样程序框图

将上述电压采样程序作为一个子程序存盘，以备后续信号转换过程调用。

（2）电压信号转换成温度过程编程。

仿真实现热敏电阻测温模拟实验电压信号转换成温度过程如图 2-17 所示。

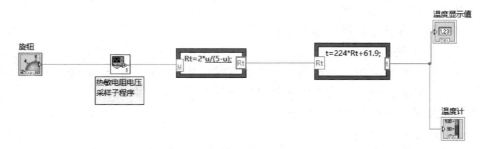

图 2-17　热敏电阻测温模拟仿真实验电压信号转换成温度程序框图

该过程包括以下四个步骤：

① 调用电压采样子程序；

② 将电压变化信号转换成电阻变化信号；

③ 将电阻变化信号转换成温度变化信号；

④ 显示温度值。

仿真过程结果通过前面板显示。图 2-18 所示为热敏电阻测温模拟仿真实验前面板。

图 2-18　热敏电阻测温模拟仿真实验前面板

# 思　考　题

（1）简要分析热电阻传感器系统的组成，并用方框图表示。

（2）热电阻传感器系统的测量范围、模拟信号灵敏度、传感器精度主要由传感器的哪部分决定？

（3）为什么需要对平衡电桥调零？简要描述实现平衡电桥调零的操作步骤。

（4）简要分析热敏电阻传感器系统的组成，并用方框图表示。

（5）热敏电阻传感器系统的测量范围、模拟信号灵敏度、传感器精度主要由传感器的哪部分决定？

（6）简要描述热敏电阻传感器系统从温度测量信号到温度显示信号的转换过程？

（7）如何提高热敏电阻传感器系统的测量精度？

（8）在图 2-8 所示平衡电桥电路中，为什么热电阻要放在 $R_1$ 的位置，而不放到 $R_2$ 或 $R_3$ 的位置？

（9）平衡电桥是否可以通过选择完全精确的四个电阻来实现电桥平衡？为什么？

（10）为什么平衡电桥调零电路一定可以实现电桥的平衡？

（11）如何理解数字化传感器的信号转换过程是一个被检测的非电信号转换成电信号，然后由计算机程序将电信号还原成被检测非电信号的过程？根据温度检测实验进行说明。

# 习　题

**1. 单项选择题**

(1) 电子秤中使用的应变片作为称重的敏感元器件,其测重原理是利用了应变片电阻值随应变片的_____变化而变化的原理,而其变化的原因是因为_____变化引起的。

A. 应变片长度　　　B. 应变片截面积　　　C. 应变片电阻率

D. 应变片温度　　　E. 应变片受到的压力　　　F. 应变片的电子密度

(2) 如图 2-19 所示,热敏电阻测量转换电路调试过程的步骤是_____。若发现毫伏表的示值比标准温度计的示值大,应将 $R_{p2}$ 向_____调。

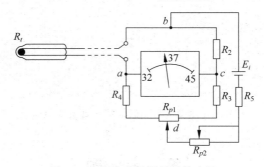

图 2-19　热敏电阻测量转换电路

A. 先调 $R_{p1}$,然后调 $R_{p2}$　　　　B. 同时调 $R_{p1}$、$R_{p2}$

C. 先调 $R_{p2}$,然后调 $R_{p1}$　　　　D. 上

E. 下　　　　F. 左　　　　G. 右

(3) 热敏电阻的电阻值随_____变化而变化;气敏电阻的电阻值随_____变化而变化;湿敏电阻的电阻值随_____变化而变化;因此电阻式传感器的特征是将_____转换成_____。

A. 湿度　　　B. 温度　　　C. 压力　　　D. 气体浓度

E. 被测电量　　　F. 被测非电量　　　G. 电量　　　H. 非电量

(4) 平衡电桥在电阻式传感器系统中所起的作用是_____,其中单臂平衡电桥中有_____个大小相等,变化方向相反的电阻敏感元器件,半桥平衡电桥中有_____个大小相等,变化方向相反的电阻敏感元器件,全桥平衡电桥中有_____个大小相等,变化方向相反的电阻敏感元器件。

A. 将电压信号放大　　　　B. 敏感电阻的变化量转换成电压变化量

C. 减少信号测量误差　　　D. 1

E. 2　　　　F. 3　　　　G. 4

**2．简答题**

（1）推导出单臂平衡电桥的电压输出公式。

（2）平衡电桥为什么需要调零装置？为什么调零装置一定能够实现平衡电桥调零的目的？

（3）在利用检测仪表进行检测时，应该如何选择测量量程？为什么？为什么检测仪表需要与被测系统共地？

# 霍尔传感器系统及应用

## 3.1 基 本 概 念

霍尔传感器应用领域广泛,涉及的相关概念需要认真理解掌握。

### 3.1.1 霍尔传感器

霍尔传感器是以霍尔元器件作为其敏感元器件和转换元器件的传感器。

### 3.1.2 霍尔元器件

霍尔元器件是根据霍尔效应(Hall Effect)原理利用半导体材料制成的半导体元器件。

### 3.1.3 霍尔效应

霍尔效应示意图如图 3-1 所示。

霍尔效应

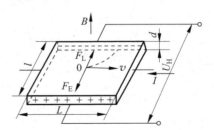

图 3-1 霍尔效应示意图

在垂直于霍尔元器件的半导体薄片平面的方向上,施加磁感应强度为 $B$ 的磁场,在其长度方向上通以电流 $I$,则在半导体的另外两边会产生一个大小与控制电流 $I$ 和磁感应强度 $B$ 的乘积($IB$)成正比的电势。这种现象称为霍尔效应。

霍尔效应产生的霍尔电势公式为

$$U_H = K_H I B \cos\theta$$

式中,$K_H = \dfrac{1}{ned}$(对于 N 型半导体霍尔元器件)或 $K_H = \dfrac{1}{npd}$(对于 P 型半导体霍尔元器件),$n$ 为半导体的电子或空穴密度(单位为 $m^{-3}$),$d$ 为霍尔元器件厚度(单位为 m)。$\theta$ 为磁场方向与霍尔片垂直法线方向的夹角。

### 3.1.4 线性型霍尔传感器系统检测电路

线性型霍尔传感器系统检测电路如图 3-2 所示。线性型霍尔传感器系统检测电路电压-磁场强度输出特性图如图 3-3 所示。

线性型霍尔传感器系统检测电路

霍尔式线性传感器用于检测连续变化的磁场强度或与磁场强度相关的电流大小,其计算公式为 $U_H = K_H I B \cos\theta$。

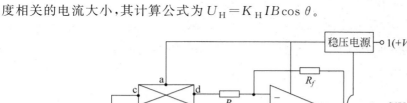

图 3-2 线性型霍尔传感器系统检测电路图(使用 UGN3501T 芯片)

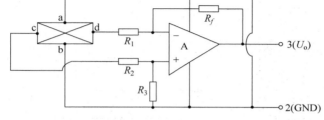

图 3-3 线性型霍尔传感器系统检测电路电压-磁场强度输出特性图

电路电压输出特性分析如下。

电路图中通过霍尔元器件 a、b 两端的电流 $I$ 基本保持不变(稳压源供电)。当磁场 $B$ 逐渐增大时,霍尔元器件 c、d 两端的电压 $U_H$ 也逐渐增大($U_H = K_H I B \cos\theta$,$K_H$ 为常数,$I$ 不变,假定磁场与霍尔元器件表面的夹角也不变)。$U_H$ 经过后端的放大电路放大 $\left(\text{放大倍数为} -\dfrac{R_f}{R_1}\right)$ 成 $U_o$,得到如图 3-3 所示输出特性图。

通过上述特性分析得出结论:①当磁场 $B$ 的角度不变时,该电路可以检测磁场 $B$ 的大小变化;②当磁场 $B$ 大小不变时,可以检测磁场角度的变化。

开关型霍尔传感器
系统检测电路

### 3.1.5　开关型霍尔传感器系统检测电路

开关型霍尔传感器系统检测电路图如图 3-4 所示。开关型霍尔
传感器系统电路电压-磁场输出特性如图 3-5 所示。

电路的电压输出特性分析如下。

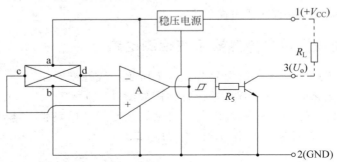

图 3-4　开关型霍尔传感器系统检测电路图（UGN3020）

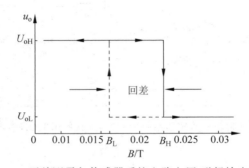

图 3-5　开关型霍尔传感器系统电路电压-磁场输出特性

电路图中通过霍尔元器件 a、b 两端的电流 $I$ 基本保持不变（稳压电源供电）。当磁场
$B$ 逐渐增大时，霍尔元器件 c、d 两端的电压 $U_H$ 也逐渐增大，$U_H$ 经过后端的放大电路进
一步放大。放大器输出的放大信号通过施密特电路。施密特电路具有两个作用：一是对
电压进行整形，输出的电压为标准的高电平或低电平电压值；二是具有回差特性（如图 3-5
所示）。施密特电路输出的电压值作为三极管的输入电压，三极管具有反相作用，即施密
特输入高电平电压时，三极管输出低电平电压 $U_{oL}$；施密特电路输出低电平电压时，三极
管输出高电平电压 $U_{oH}$。整个电路的电压-磁场特性如图 3-5 所示。

## 3.2　应 用 项 目

### 项目 3-1：接近开关实验

1）实训设备与工具
（1）计算机。
（2）LabVIEW 软件。

（3）ELVIS 实验板。

（4）万用表。

2）系统平台启动

操作说明：系统的启动需要打开两个开关，一个是系统总开关，在系统平台的侧面；另一个是原型板的开关，在系统平台正面的右侧。两个开关打开后，系统启动。

（1）打开系统平台侧面的系统总开关；

（2）打开系统平台正面右侧原型板上的电路开关，两个开关打开后，系统启动；

（3）仔细观察 ELVIS 系统板的布局，测试系统板的共地情况，测试电源电压值是否正常。

3）霍尔传感器介绍及其特性

（1）实验用霍尔传感器组成及引脚说明

图 3-6 所示为实验用霍尔传感器组成原理图。传感器引脚有三根线：①棕色——电源（15V）；②蓝色——地；③黑色——输出信号。霍尔传感器输出端带有一个 NPN 型三极管。

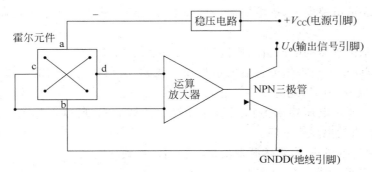

图 3-6　实验用霍尔传感器组成原理图

（2）霍尔传感器系统特性说明。霍尔传感器在应用中，可以表现出两种不同的特性，一种是开关特性（图 3-7 所示为霍尔传感器系统的开关特性）；另一种是线性特性（图 3-8 所示为霍尔传感器系统的线性特性）。

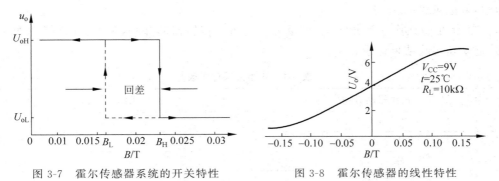

图 3-7　霍尔传感器系统的开关特性　　　图 3-8　霍尔传感器的线性特性

4）搭建霍尔传感器系统应用实验电路

图 3-9 所示为霍尔传感器应用实验电路原理图。

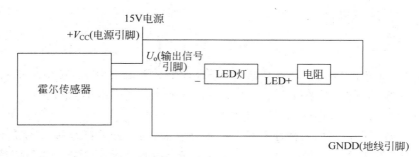

图 3-9　霍尔传感器应用实验电路原理图

霍尔传感器系统应用实验电路搭建步骤如下。

（1）关掉系统的电源，避免带电操作。

（2）在面包板上放置霍尔传感器，将传感器的三根引线通过插针在面包板上插好，放置一个 LED 灯、一个小于 1kΩ 的电阻，并将管脚在面包板上插好。

（3）为了保证电路安全，搭电路时一般需要先接地。将霍尔传感器的接地引线脚连到电源地。

（4）将霍尔传感器的电源引线连接到 ELVIS 的＋15V 电源。

（5）将 LED 正极与霍尔传感器的信号输出线相连，负极与电阻的一端相连，电阻的另一端与系统电源＋15V 相连。

（6）由于需要将电压输出值输入到计算机中计算显示，所以选择 ELVIS 系统板的 A0 口作为计算机的电压输入口。

（7）将 A0－连到地，霍尔传感器的信号输出线连到 A0＋。

整个电路搭建完毕。

5）系统运行结果测试

（1）启动系统。在系统平台的侧面打开系统总开关；在系统平台的正面右侧打开原型板开关。两个开关打开后系统启动。

（2）将小磁铁从远至近靠近霍尔传感器的探头，观察 LED 灯变化情况并记录到表 3-1 实验结果记录表中。

（3）将小磁铁换一个方向，从远至近靠近霍尔传感器的探头，观察 LED 灯的变化情况并记录到实验结果记录表中。

表 3-1　实验结果记录表

| 磁铁移动方向 | LED 状态 |
| --- | --- |
| 左 |  |
| 从远至近 |  |
| 右 |  |
| 从远至近 |  |

实验中的霍尔传感器系统对磁铁的方向有要求。思考一下，为什么？

（4）启动 LabVIEW 软件系统。打开帮助，选择查找范例，选择其中的硬件输入输出,选择 DAQmx,选择模拟输入,选择电压连续输入,最后双击,这个范例程序就被调入系统了。利用这个范例程序可对霍尔传感器输出信号变化进行监控。

（5）切换到 LabVIEW 的霍尔传感器输出信号监控界面,查看霍尔传感器输出信号的变化情况。

信号监控界面设置如下。

① 进入前面板,将鼠标光标移到显示坐标界面,右击,在弹出的快捷菜单中将自动调整 Y 坐标的√去掉,固定坐标系的 Y 坐标显示单位不变。

② 单击 Y 坐标的最小值,将该值改为 $-0.1$。

③ 将小磁铁从远至近靠近霍尔传感器的探头,可以看到霍尔传感器输出电压逐渐由高到低变化,LED 灯渐渐变亮。

④ 将小磁铁换一个方向,从远至近靠近霍尔传感器的探头,霍尔传感器输出电压保持不变,LED 灯保持灭的状态。

可以看出,当霍尔传感器的输出电压为高电平时,LED 灯灭;当霍尔传感器的输出电压为低电平时,LED 灯亮。思考一下,为什么?

## 项目 3-2：基于 LabVIEW 系统平台的模拟仿真实验

1）霍尔效应仿真实验

（1）霍尔效应仿真系统程序框图,如图 3-10 所示。

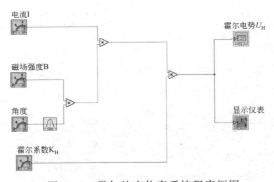

图 3-10　霍尔效应仿真系统程序框图

（2）霍尔效应仿真系统面板界面,如图 3-11 所示。

2）线性型霍尔传感器仿真系统

（1）线性型霍尔传感器仿真系统程序框图,如图 3-12 所示。

（2）线性型霍尔传感器仿真系统前面板,如图 3-13 所示。

3）开关型霍尔传感器仿真系统

开关型霍尔传感器仿真系统实验是对接近开关实验过程的模拟（参考 3.1 节接近开关实验）。

（1）开关型霍尔传感器仿真系统程序框图,如图 3-14 所示。

（2）开关型霍尔传感器仿真系统面板界面,如图 3-15 所示。

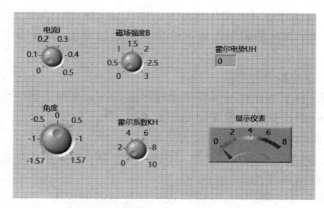

图 3-11    霍尔效应仿真系统面板界面

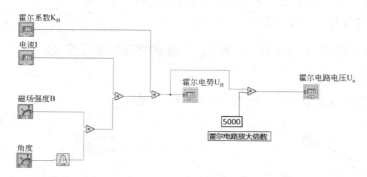

图 3-12    线性型霍尔传感器仿真系统程序框图

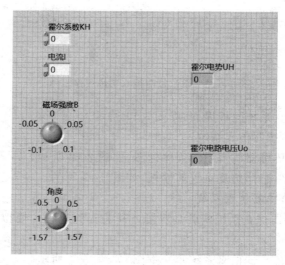

图 3-13    线性型霍尔传感器仿真系统前面板

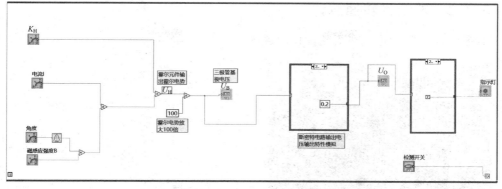

图 3-14 开关型霍尔传感器仿真系统程序框图

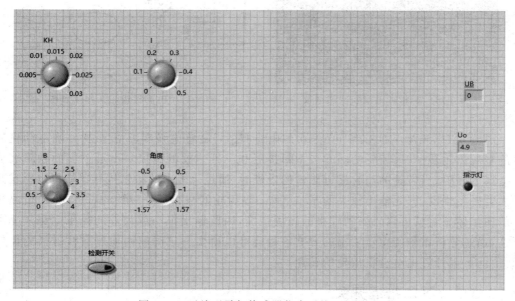

图 3-15 开关型霍尔传感器仿真系统面板界面

# 3.3 其他应用案例

## 3.3.1 霍尔磁感应强度测试仪

图 3-16 所示为霍尔磁感应强度测试仪。由公式 $U_H = K_H IB\cos\theta$ 可知,磁感应强度 $B = \dfrac{U_H}{K_H I \cos\theta}$,当 $\theta = 0°$ 时,$B = \dfrac{U_H}{K_H I}$。因此可以根据测试仪测得的霍尔电势得出磁感线强度。

显然,该霍尔磁感应强度测试仪采用的是线性型霍尔集成电路。

### 3.3.2　电动机转速测试

如图 3-17 所示为电动机齿轮工作示意图。

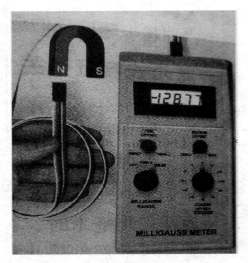

图 3-16　霍尔磁感应强度测试仪

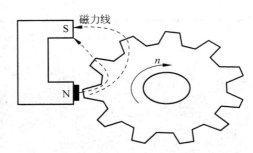

图 3-17　电动机齿轮工作示意图

由公式 $U_H = K_H IB \cos\theta$ 可知,霍尔电势 $U_H$ 与磁感应强度 $B$ 成正比。当电动机磁铁的金属齿轮转动时,齿轮的凸起齿不断接近和离开磁铁的磁极。由于空气的磁阻远大于金属的磁阻,当齿轮的凸起接近磁铁的磁极时,通过磁极上的霍尔传感器就可以感受到较大的磁场强度,因此输出较大的霍尔电势;当齿轮的凸起离开磁铁的磁极时,通过磁极上的霍尔传感器就可以感受到较小的磁场强度,因此输出很小或为 0 的霍尔电势。综上所述,通过分析霍尔传感器输出的方波信号就可以得出一定时间内通过磁铁磁极的齿轮数,由此可以计算出电动机齿轮的转速。

### 3.3.3　霍尔接近开关

图 3-18 所示为霍尔接近开关工作示意图。

当带磁铁的夹具靠近或离开霍尔传感器时,霍尔传感器便产生高低变化的霍尔电势,由此可以判断夹具的位置和状态。

### 3.3.4　霍尔电流传感器

如图 3-19 所示为霍尔电流传感器工作示意图。

在导体中有电流通过,由电流产生磁场,磁场强度与电流大小成正比。霍尔传感器的霍尔电势与磁场强度也成正比。根据霍尔电势可以计算出电流产生的磁场强度,再根据磁场强度即可计算出导体电流的大小。

【思政讲堂】　世界是普遍联系的,只要能找到事物中的相关联系,便能通过这些联系解决一些实际问题。

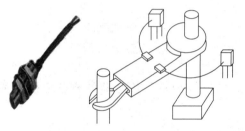

图 3-18　霍尔接近开关工作示意图

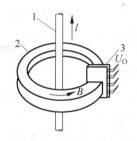

图 3-19　霍尔电流传感器工作示意图
1—被测电流；2—环形磁体；
3—霍尔传感器元器件

思　考　题

（1）霍尔元器件是四端元器件，为什么霍尔传感器芯片只有三个管脚？

（2）霍尔传感器可以检测连续变化的量，也可以测量开关量，两者的检测原理和组成电路有什么不同？

（3）霍尔传感器可以应用于什么工作场景？

（4）实验中霍尔传感器具备什么应用特性？从传感器组成电路的角度，简要解释为什么需要具备这种特性？

（5）为什么霍尔传感器对磁铁具有方向性选择？可以应用于什么实际工作场景？

习　题

**1. 单项选择题**

（1）属于四端元器件的是_____。

　A. 应变片　　　　B. 压电晶片　　　　C. 霍尔元器件　　　D. 热敏电阻

（2）公式 $U_H = K_H I B \cos\theta$ 中的 $\theta$ 是指_____。

　A. 磁力线与霍尔薄片平面之间的夹角

　B. 磁力线与霍尔薄片的垂线之间的夹角

　C. 磁力线与霍尔元器件内部电流方向的夹角

　D. 磁力线与霍尔薄片的垂线之间的夹角

　E. 霍尔元器件平面与地球磁场的夹角

（3）磁场垂直于霍尔薄片，磁感应强度为 $B$，但磁场方向相反（$\theta = 180°$），霍尔电势_____，因此霍尔元器件可用于测量交变磁场。

　A. 绝对值相同，符号相反　　　　　　B. 绝对值相同，符号相同

　C. 绝对值相反，符号相反　　　　　　D. 绝对值相反，符号相同

（4）霍尔元器件采用恒流源激励是为了_____。

　A. 提高灵敏度　　　B. 减少温漂　　　C. 减少不等位电势

（5）减少霍尔元器件输出不等位电势的方法是_____。

A．减少激励电流　　　　　　　　B．减少被测磁感应强度

C．使用电桥调零电位器　　　　　D．施加更高的电压

**2. 填空题**

（1）为保证测量准确度，如图 3-3 所示的线性型霍尔传感器的磁感应强度的正负最大值不宜超过_____。

（2）图 3-20 是霍尔电流传感器示意图，请分析填空。

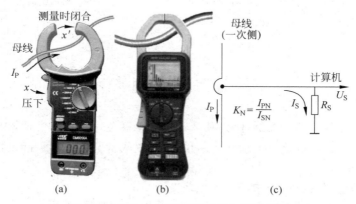

图 3-20　霍尔电流表测试母线电路示意图

① 夹持在铁芯中的导线电流越大，根据右手定律产生的磁感应强度 $B$ 就越_____，霍尔元器件产生的霍尔电势也就越_____，因此该霍尔电流传感器的输出电压与被测导线的电流成_____比。

② 由于被测导线与铁芯、铁芯与霍尔元器件之间是绝缘的，所以霍尔式电流传感器不但能传输电流信号，而且还能起到_____作用，使后续电路不受强电影响，避免被击穿和烧毁等情形。

③ 由于霍尔元器件能够响应静态磁场，所以它与交流电流互感器比较，最大的不同是能够_____。

④ 观察图 3-20 所示电流传感器的结构，被测导线是_____（怎样）放入铁芯中间的。

**3. 简答题**

（1）分析图 3-16～图 3-19，说出这几个霍尔传感器的应用实例中，哪几个只能采用线性型霍尔集成电路，哪几个可以采用开关型霍尔集成电路？

（2）如图 3-5 所示，当开关型霍尔传感器感受到磁感应强度从零增大到多少特斯拉时翻转？此时图 3-4 第 3 脚为什么电平？回差为多少特斯拉（T）？相当于多少高斯？这种特性在工业生产中有何实用价值？

（3）参考图 3-17 所示电动机齿轮工作示意图，回答以下问题。

① 计算机测得霍尔传感器输出电压脉冲频率为 110Hz，求齿轮的转速 $n$ 为多少 r/min？

② 该转速能够判断正反转吗？为什么？

**4. 计算题**

设某型号霍尔电流传感器（图 3-20）的额定电流比 $K_N = \dfrac{I_{PN}}{I_{SN}} = \dfrac{500}{0.3}$ （注意：$\dfrac{500}{0.3}$ 表示

母线一次电流额定值和对应的二次电流之比），求：

（1）一次额定电流值 $I_{PN}$ 为多少 A？

（2）一次额定电流值为 $I_{PN}$ 时，二次电流 $I_{SN}$ 为多少 mA？

（3）测得二次电流 $I_S = 500\text{mA}$ 时，电流 $I_P$ 为多少 A？

# 热电偶传感器系统及应用

## 4.1 基本概念

### 4.1.1 热电偶

热电偶(thermocouple)是温度测量仪表中常用的测温元器件,可以直接用于测量温度,并把温度信号转换成电压信号,从而通过计算或查表获得被测介质的温度。热电偶传感器具有测温范围广、结构简单、制造方便、精度高、易于标准化等一系列优点,因此被广泛应用于工业生产和科学研究中。

热电偶一般由两种不同材料的导体或半导体连接组成,其连接点称为测量端,也称为热端,金属线不相连的另一端接信号调理电路,信号调理电路一般由铜导线组成。热电偶金属线与信号调理电路铜导线之间的接合点称为参考端,也称为冷端。测温时,热电偶的测量端与被测介质接触,参考端通常处于恒定的环境温度下,当测量端与参考端存在温度差时,基于塞贝克效应(Seebeck Effect),就会产生相应的塞贝克电势——热电势,通过测量热电势即可求得被测介质的温度。

热电偶传感器主要包括以下优点。

(1) 测量温度范围广。测温范围可达 $-200℃ \sim 2500℃$,从低温制冷行业到金属冶炼行业,热电偶适用于大多数场合的测温需求。热电偶的具体测量温度范围取决于所使用的导线材质。

(2) 热电偶是一种有源传感器,测量时不需外加电源,因此不易自发热,使用方便。

(3) 热电偶可加工成不同直径大小,体积越小,热容量越低,对温度变化响应越快,最快可在数百毫秒内对温度变化作出响应。

(4) 性价比高,抗冲击振动性好,耐用性好,可以在危险恶劣的环境中工作。

热电偶测温是工业生产中测量宽温度范围的常用方法,常被用作测量锅炉、热水器、管道内的气体或液体的温度以及固体的温度。通过布置多根热电偶测量多点温度,也可以建立温度场进行测量。K 型热电偶(镍铬-镍硅)由于价格便宜,测温范围广(−200℃～1300℃),应用范围广泛。铂铑合金热电偶价格较贵,常用于测量 1000℃以上的高温测量。常见热电偶的分类、测温范围及优缺点见表 4-1。

表 4-1　国际标准热电偶一览表

| 分度号 | 组成材料 | 测温范围 | 优 缺 点 |
|---|---|---|---|
| K 型 | 镍铬-镍硅 | −200℃～1300℃ | 价格便宜、线性度好,热电势较大,灵敏度高,稳定性和均匀性较好,抗氧化性能强,为目前用量最多的热电偶。缺点是不能在高温下用于含硫、还原性或还原、氧化交替的环境中 |
| J 型 | 铁-铜镍 | −200℃～950℃ | 价格便宜、线性度好,热电势较大,灵敏度较高,稳定性和均匀性较好。可用于真空、氧化、还原和惰性环境中。缺点是正极铁在高温下氧化较快,不耐高温 |
| E 型 | 镍铬-铜镍 | −200℃～850℃ | 价格便宜、热电势较大,灵敏度高。稳定性好,抗氧化性能强,适用于湿度较高的环境。缺点是不能在高温下直接用于含硫、还原性环境中 |
| N 型 | 镍铬硅-镍硅镁 | −200℃～1300℃ | 价格便宜、线性度好、热电势较大、灵敏度较高、稳定性和均匀性较好、抗氧化性能强。缺点是不能在高温下用于含硫、还原性或还原、氧化交替的环境中 |
| T 型 | 铜-铜镍 | −200℃～350℃ | 价格便宜、线性度好、热电势较大、灵敏度较高、稳定性和均匀性较好。缺点是在高温下抗氧化性能差,不耐高温 |
| S 型 | 铂铑 10-铂 | −200℃～1600℃ | 准确度高、测温温区宽、寿命长,适用于氧化性和惰性环境中。缺点是热电势较小、灵敏度低、价格昂贵 |
| R 型 | 铂铑 13-铂 | −200℃～1600℃ | |
| B 型 | 铂铑 30-铂铑 6 | −200℃～1800℃ | 准确度高、测温温区宽、寿命长、测温上限高、不需用补偿导线。适用于氧化性和惰性环境中,也可短期用于真空中,但不适用于还原性环境 |

## 4.1.2　热电偶测温原理

基于塞贝克效应(热电效应),利用热电偶将热能转换为电能,通过热电偶产生的热电势 $E_{AB}$,获得测量端的温度。当热电偶测量端的温度 $T$ 与参考端的温度 $T_0$ 存在温度差时,会产生热电势 $E_{AB}$。当参考端温度固定时,通过测量 $E_{AB}$,根据热电势 $E_{AB}$ 与温度差($T-T_0$)的函数关系,或热电偶分度表,可得到热电偶测量端的温度 $T$。不同分度号的热电偶具有不同的分度表,查找时需注意,分度表中的热电势是热电偶参考端温度在 0℃时得到的,即 $E_{AB}(T,0℃)$。图 4-1 所示为热电偶测量温度系统示意图。

热电偶测温原理

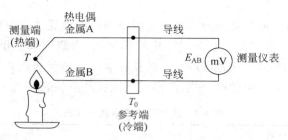

图 4-1　热电偶测量系统

在热电偶测温的过程中应注意以下两点。

（1）热电偶的材料成分确定后，产生的热电势是测量端与参考端温度差的函数，与绝对温度值的高低无关，温度差值越大，热电势越大。当测量端与参考端温差很小时，即便绝对温度值很高，热电势也会很小。当热电偶参考端的温度保持一定时，热电势仅是测量端温度的单值函数 $E_{AB}=f(T)$。

（2）热电偶产生的热电势的大小只与热电偶材料的成分和两端的温差有关，与热电偶的几何形状，例如长度、直径等无关，直径的大小只会影响热电偶测温的响应时间，并不会影响热电势的大小。

### 4.1.3　中间温度定律

中间温度定律是指热电偶回路中温度分别为 $T_1$、$T_2$ 的两接点之间的热电势，等于热电偶在温度为 $T_1$、$T_n$ 时的热电势与在温度为 $T_n$、$T_2$ 时的热电势的代数和。其中 $T_n$ 称为中间温度。证明过程为

中间温度
定理

$$E_{AB}(T,T_2)=E_{AB}(T)-E_{AB}(T_2)$$
$$=E_{AB}(T)-E_{AB}(T_1)+E_{AB}(T_1)-E_{AB}(T_2)$$
$$=E_{AB}(T,T_1)+E_{AB}(T_1,T_2)$$

如图 4-2 所示即为热电偶中间温度定律原理示意图。

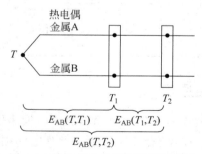

图 4-2　热电偶中间温度定律原理图

中间导体
定律

### 4.1.4　中间导体定律

中间导体定律是指在热电偶回路中接入中间导体（第三导体金属 C），只要中间导体两端温度相同（均为 $T_1$），中间导体的引入对热电偶回路总电势没有

---

影响。依据中间导体定律,在热电偶实际测温应用中,常采用测量端焊接并用导线连接热电偶参考端到测量仪表读取热电势值,当导线两端温度相同时(均为 $T_0$),则导线上产生的热电势不会对测量结果产生误差。再比如在测量液态金属温度时,热电偶的测量端可以直接插入金属中进行测量。

图 4-3 所示为热电偶中间导体定律原理示意图。

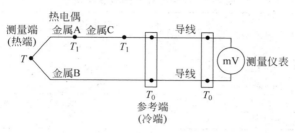

图 4-3　热电偶中间导体定律原理图

## 4.1.5　热电偶冷端温度补偿

由于热电偶分度表中的热电势是在冷端温度为 0℃时获得的,在实验室环境下,可以将冷端放入 0℃的冰水混合物中,通过测量直接获取测量端温度。但在工业现场,将热电偶的冷端保持在冰瓶内是不切实际的,当冷端温度不为 0℃时,无法利用回路所测热电势 $E_{AB}(T,T_0)$ 直接查分度表,所以需要在确定冷端温度后,利用中间温度定律,进行冷端温度补偿修正,从而确定测量端的温度值,即冷端温度补偿。图 4-4 所示为热电偶冷端温度补偿原理示意图。

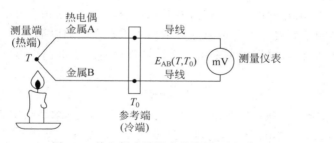

热电偶冷端
温度补偿

图 4-4　热电偶冷端温度补偿原理图

冷端接合点处的温度可以使用另一种温度传感器进行测量,例如热敏电阻、热电阻或热二极管。通过冷端测量所得温度 $T_0$,查找热电偶分度表中对应的热电势 $E_{AB}(T_2,0℃)$,利用公式 $E_{AB}(T,0℃)=E_{AB}(T,T_0)+E_{AB}(T_0,0℃)$ 进行补偿计算,从而获得测量端的温度 $T_0$。此时,冷端温度测量的误差都会直接反映在热电偶的最终测量结果中。

## 4.1.6　热电偶的补偿导线

热电偶的使用环境一般比较恶劣,通常需要在距离比较远的实验室设置热电偶的冷端测量点,所以需要组成热电偶的电极材料有足够

热电偶测温应
用案例展示

的长度。但是热电偶的电极材料比较昂贵,将热电偶的电极拉长的成本极高,因此,不同型号的热电偶都有与其配套的补偿导线,补偿导线的热电性能与热电偶的热电性能相似,但成本却低很多。通过补偿导线延伸热电偶电极,成本比较低,误差也不会很大,是一种可以接受的解决方法。表 4-2 为补偿导线与热电偶配用表。

表 4-2  补偿导线与热电偶配用表

| 补偿导线型号 | 配用热电偶的分度号 | 补偿导线合金线 | | 绝缘层着色 | |
|---|---|---|---|---|---|
| | | 正极 | 负极 | 正极 | 负极 |
| SC | S(铂铑 10-铂) | 铜 | 铜镍 | 红 | 绿 |
| KC | K(镍铬硅-镍硅) | 铜 | 康铜 | 红 | 蓝 |
| JX | J(铁-铜镍) | JPX(铁) | JNX(铜镍) | 红 | 紫 |
| TX | T(铜-铜镍) | TPX(铜) | TNX(铜镍) | 红 | 白 |

### 4.1.7  热电偶的非线性修正

热电偶的热电势 $E$ 与测量温度 $T$ 之间呈非线性,热电偶的非线性修正一种方法是可以选择 $E$-$T$ 曲线中相对较平缓的一部分温度范围内将斜率近似为线性,$K$ 和 $J$ 型热电偶比较受欢迎的原因之一是它们在较大的温度范围内,$E$-$T$ 曲线斜率(塞贝克系数)保持相对恒定。另一种方法是查热电偶分度表,测量所得 $E_{AB}(T,0℃)$ 相对应的温度,通常需使用表中两个最近点之间的线性插值获得温度值。

### 4.1.8  热电偶的测量数学模型

根据 ITS-90 国际标准(相关数据见 http://srdata.nist.gov/its90/main/),热电偶的输出电压与其测量温度的关系可以用一系列多项式方程加以描述。

当温度已知时,可以用以下多项式直接计算对应的热电偶输出电压。

$$E = \sum_{i=0}^{n} c_i (t_{90})^i$$

式中,$E$ 为所求电压(单位为 mV);$t_{90}$ 为已知温度(单位为℃);$n$ 为多项式次数;$c_i$ 为多项式系数,其值由所使用的热电偶类型和所测温度所处范围决定,见表 4-3。

表 4-3  ITS-90 标准中热电偶温度-电压关系多项式适用的参数

| 分度号 | 适用温度(℃) | 多项式次数 | 适用温度(℃) | 多项式次数 |
|---|---|---|---|---|
| J | −210~760 | 8 | 760~1200 | 5 |
| K | −270~0 | 10 | 0~1370 | 9,另加磁效应影响修正项 $a\mathrm{e}^{b(t-c)^2}$ |
| T | −200~0 | 7 | 0~400 | 6 |
| E | −270~0 | 13 | 0~1000 | 10 |
| S | −50~1064.18 | 8 | 1064.18~1664.5  1664.5~1768.1 | 4 |

显然,可以通过求解逆多项式,从已知电压求相应温度,其一般形式如下:

$$t_{90} = d_0 + d_1 E + d_2 E^2 + \cdots + d_i E^i$$

式中,多项式的参数 $d_i$ 受其所适用的热电偶类型与温度、电压范围影响,其具体取值可参见 ITS-90 标准或其他相关资料、文献。

由于逆多项式的求解十分复杂、计算成本高昂且容易损失精度,上述方法一般不适用于计算能力有限的嵌入式或微控制器平台。因此,在实际工程中,通过查表法得到输出温度往往是更为简易的解决方案。

## 4.2 应 用 项 目

### 项目 4-1:热电偶应用案例解析

如图 4-5 所示,假如需要用镍铬-镍硅热电偶(K 型热电偶)测试锅炉底部钢板的温度。锅炉温度测试点离控制仪表室约有 30 米距离,请设计并描述整个热电偶的测试方案。

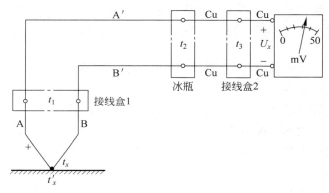

图 4-5 热电偶在测温中的应用

**解析**:(1)由于测试点离测量显示仪表控制室比较远,且 A、B 电极材料非常昂贵,直接将 A、B 电极从测试点拉长几十米,成本太高,所以需采用补偿导线方案。

(2)每一种标准热电偶都有与自己配套的补偿导线。K 型热电偶的补偿导线型号是KC(铜-康铜)。补偿导线的作用是以低成本将热电偶电极延长。图 4-5 所示的补偿导线 A′和 B′可以看作是热电偶电极 A、B 的延长,热电偶在使用补偿导线前冷端温度为 $t_1$,而在使用补偿导线后冷端温度变为 $t_2$。必须注意的是,补偿导线与热电偶两个热电极的接点必须具有相同的温度,且极性不能接反。

(3)在热电偶通过补偿导线延长到仪表控制室后,需接入显示仪表或输出电路。此时必须保证显示仪表或输出电路与热电偶两电极的接线是同一种材料(图 4-5 中为 Cu),且两接线端的温度必须相同(图 4-5 所示接线 Cu 两端的温度都为 $t_3$),否则会影响测量热电偶热电势的大小,形成误差。其原理就是第三导体定律。

(4)仪表控制室测得的热电偶热电势为 $U_x$,查对应的热电偶分度表即可得到热电偶测温端温度 $t_x$。需要注意的是,所有热电偶分度表都是在冷端温度为 0℃ 的环境下测量得到的。如果热电偶在测量时的冷端温度是 0℃,则可以直接根据电压值查表得到相应的温度值;如果冷端温度不是 0℃,则需对冷端温度进行补偿,然后才能查表。例如冷端温度为 40℃，$U_x = 37.702\text{mV}$，此时需要将冷端温度从 40℃ 补偿到 0℃。即通过查表知道 $E(40℃, 0℃) = 1.612\text{mV}$，计算补偿为

$$E(t_x, 0℃) = E(40℃, 0℃) + U_x = 1.612 + 37.702 = 39.314(\text{mV})$$

查表知热电势 39.314mV 对应的温度为 950℃。所以热电偶测温端的温度 $t_x = 950℃$。

## 项目 4-2：热电偶测温实验

1）项目任务

利用热电偶及放大电路实现测温并做好以下几点。

（1）熟悉和掌握热电偶传感器测温系统的构成。

（2）了解和掌握热电偶的测温原理及过程。

（3）熟悉和掌握热电偶放大电路的构成和作用。

（4）掌握热电偶传感器测温应用编程。

（5）掌握热电偶传感器测温相关应用知识。

2）项目要求

（1）采用热电偶传感器实时、准确地检测和显示环境温度。

（2）搭建电路步骤合理，注意接线顺序。

（3）能够正确调试电路，使用万用表排除断路和短路故障。

（4）能够正确使用测试仪表测量电路。

（5）能够正确分析传感器系统中的信号转换过程。

3）项目提示

（1）热电偶测温实验可以在美国 NI 公司的 ELVIS 实验板上搭建电路，也可以用一般的面包板完成实验。

（2）热电偶热电势-温度特性测试。

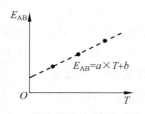

图 4-6　热电偶热电势-温度特性

原理说明：热电偶的热电势-温度特性是一根曲线，但在一定的测量范围内非常接近于直线，如图 4-6 所示。因此在应用中，热电势-温度特性在温度小范围内常常被当作直线进行处理。

操作步骤如下。

① 将 K 型热电偶的两根引线连接至毫伏表，直接测量热电偶的输出热电势。

② 用手指轻轻捏住热电偶测温接点，用测温仪表测量至少 3 个不同的温度，即 $T_1$、$T_2$、$T_3$、……、$T_n$，并分别测量不同温度下对应的热电势，即 $E_{AB}(T_1)$、$E_{AB}(T_2)$、$E_{AB}(T_3)$、……、$E_{AB}(T_n)$。根据所测温度及对应的热电势，确定所测热电势-温度特性直线方程中 $a$ 与 $b$ 的值，如图 4-6 所示。

③ 根据标定所得直线方程 $E_{AB} = a \times T + b$，测量不同的热电势值，计算测量温度。通过与热电偶分度表进行对比，分析使用标定所得直线方程的测量误差，其中热电偶参考端温度可取环境温度值。

（3）热电偶测温系统电路。

① 热电偶测温放大电路：热电偶输出的电压信号往往较为微弱，例如常见的热电偶型号 K、J 和 T 型，在室温下，其电压变化幅度分别为 $52\mu V/℃$、$41\mu V/℃$ 和 $41\mu V/℃$，其他类型的温度电压变化幅度甚至更小。这种微弱的信号在模数转换前需要放大。通常热电偶的信号调理电路一般需要约 100 倍的增益。此处采用亚德诺公司（Analog Devices）针对 K 型热电偶的电压放大器 AD 8495，电路连接如图 4-7 所示。该放大器包含冷端补偿功能，具有高共模抑制性能，能够抑制热电偶的长引线中的共模噪声。使用该放大电路，可以将 K 型热电偶的热电势信号放大 122 倍的增益，形成 $5mV/℃$ 的输出信号灵敏度（$200℃/V$）。温度可通过以下公式计算：

$$T = \frac{V_{out} - 1.25}{0.005}V$$

例如，当 $V_{out} = 1.5V$ 时，温度为 $\frac{1.5 - 1.25}{0.005} = 50℃$。

测温范围 $-250℃$ 至 $+750℃$ 对应的直流电压输出为 0 至 5V。

② 热电偶测温系统组成如图 4-7 所示。

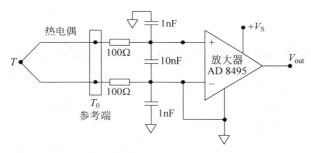

图 4-7　热电偶测温系统组成

（4）实验操作步骤如下。

① 将 K 型热电偶、电阻、电容及 AD 8495 放大器等按照图 4-7 所示，在面包板上进行连线，其中，$+V_S$ 连接至 $+5V$ 直流电压源；输出信号 $V_{out}$ 连接至 EVLIS 板卡模拟电压采集 AI 通道。

② 通过 LabVIEW 编程实现通过输出电压自动采样并计算输出对应的温度值，实现热电偶传感器温度自动检测功能。参考程序框图如图 4-8 所示，前面板如图 4-9 所示。

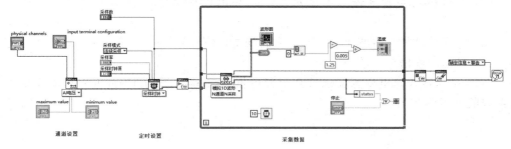

图 4-8　热电偶测温系统程序框图

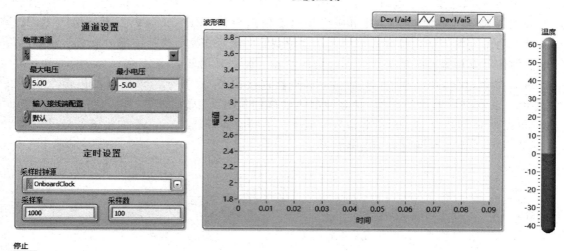

图 4-9　热电偶测温系统前面板

## 项目 4-3：基于 LabVIEW 系统平台的模拟仿真实验

1）热电偶电路测温的模拟仿真实验

将热电偶电路测温实验的电压采样过程通过编程仿真实现，步骤如下。

（1）输入设定温度值，编程仿真实现将温度变化转换成电阻变化的过程。

（2）通过热电偶分度表确定测量范围内温度与热电偶输出电压之间的计算公式（$U = a \times T + b$）。

（3）编程计算对应的热电偶输出电压。

图 4-10 所示为热电偶测温电压采样仿真系统程序框图，图 4-11 所示为热电偶测温电压采样仿真系统前面板。

2）热电偶测温仿真实验模拟电压信号转换成温度

热电偶测温仿真实验模拟电压信号转换成温度步骤如下。

（1）输入电压值。

（2）通过热电偶分度表确定测量范围内热电偶输出电压与温度之间的计算公式（$T = c \times U + d$）。

（3）编程计算将电压变化信号转换成温度变化信号。

（4）显示温度值。

图 4-12 所示为热电偶测温仿真系统程序框图参考图，图 4-13 所示为热电偶测温仿真系统前面板参考图。

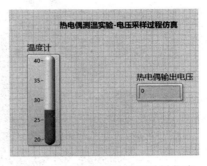

图 4-10 热电偶测温电压采样仿真
系统程序框图

图 4-11 热电偶测温电压采样仿真
系统前面板

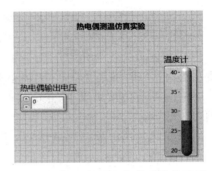

图 4-12 热电偶测温仿真系统程序框图

图 4-13 热电偶测温仿真系统前面板

# 4.3 其他应用案例

热电偶具有效费比高、测温范围广、耐用性强等一系列优势,因此被广泛应用于发电、钢铁、水泥、油气、生物科技、医药等众多工业及科技领域。

### 1. 发动机控制

例如航空发动机,以极高的可靠性对其排气温度进行监测是现代飞行控制系统所必需的,典型的此类监测系统需要使用包含超过 1000 个热电偶的 3000 余个传感器,并将其用 12 千米长的线缆连接。

英国考文垂大学的研究组部署并测试了一种高效自热电偶传感系统(Highly Efficient Autonomous Thermocouple,HEAT)。系统中有多个无线 K 型热电偶传感器节点被安装在发动机外表面的不同位置,这些节点会向其父节点通过 ZigBee 网络以 1～5Hz 的频率上报传感数据。考虑到无线传感器节点的能耗问题,各个节点还可以根据实际工作状态独立地进入低能耗休眠模式,以确保飞行周期整个温度监测系统的正常运转。

罗尔斯-罗伊斯 Trent 900 涡扇发动机如图 4-14 所示,部署在该发动机外侧表面用于监测排气温度的热电偶传感系统示意图如图 4-15 所示。

图 4-14   罗尔斯-罗伊斯 Trent 900
涡扇发动机

图 4-15   发动机外侧表面用于监测排气
温度的热电偶传感系统

### 2. 食品饮料生产控制

食品和饮料的工业化生产几乎每个步骤都会涉及温度的改变与控制,热电偶传感器在食材处理、冷藏、搅拌、烟熏、加热杀菌、酿造、发酵、装瓶、消毒杀菌等方方面面均有应用。在许多此类应用场景中,热电偶的可靠性与有效性直接关系到产品对消费者健康的影响。

酿造车间的热电偶传感器示例如图 4-16 所示,其中每具容器均配备了独立的热电偶传感器(美国 Geocorp 公司)。

图 4-16   酿造车间的热电偶传感器示例图

### 3. 环保排放监测

在我国,生活垃圾焚烧发电厂要求使用热电偶自动监测炉温。《生活垃圾焚烧厂污染控制标准》(GB 18485—2014)要求炉膛温度实行热电偶实时在线监测。按照国家有关规定,垃圾焚烧厂应该确保正常工况下,焚烧炉炉膛内热电偶测量温度的 5 分钟均值不低于850℃。从技术角度来说,这是为了保证高焚烧温度下的低残余。

另一方面,为避免"热电偶故障"标记的滥用,维护监管新政的公平公正,相关部门在近年进一步给出了"未保证自动监测设备正常运行"和"通过逃避监管的方式排放大气污染物"的认定情形,从而对厂家使用的热电偶传感器从合规性角度提出了要求。

## 4.4 拓展项目:热电偶测温系统设计

### 1. 选择热电偶测温范围

热电偶输出电压的范围通常较窄,因此需要低噪音的精密模数转换器(Analog-to-Digital Converter,ADC)将其放大方便后续处理。不同类型的热电偶对应的输出电压范围不同,如 K 型热电偶在 $-270℃ \sim 1370℃$ 温度范围内,所对应的输出电压范围约为 $-6.5 \sim 55\text{mV}$。

通过已知的内部参考电压和备选热电偶的输出电压范围,可确保 ADC 中可编程增益放大器(Programmable Gain Amplifier,PGA)的增益设置合适,ADC 的输入电压范围与热电偶的输出电压范围匹配。例如,当热电偶的最大输出电压为 55mV 时,可以将ADC 中的 PGA 增益设置为 32,对应最大输出电压的等效输入电压信号为 1.76V。

### 2. 偏置热电偶

在选择合适的 PGA 增益后,接下来需考虑 PGA 共模模式下的输入电压范围。一般来说,将输入电压选在模拟供电电压范围的中点可以使热电偶输出电压处于 PGA 的输入范围内。

在实际测量中,有多种设置热电偶直流电压工作点的方法,其中最为常见的方法是在热电偶的两端各串联一个大电阻(两个大电阻的另一端分别与电源端和接地端连接),如图 4-17 所示。当两个电阻的阻值相等时,热电偶的工作电压即处于供电电压的一半。在实际应用中,电阻阻值需要根据输入电流的大小确定,一般取 $500\text{k}\Omega \sim 10\text{M}\Omega$,如果阻值过高,可能导致偏置电流相对 ADC 输入电流过小。因此,还需要在选择偏置电阻阻值时考虑 ADC 输入电流的大小,以免对偏置点造成不必要的偏移。

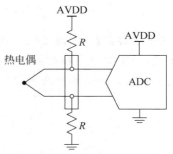

图 4-17 热电偶偏置电阻电路

如果热电偶导线过长,其阻值也可能造成测量误差,因此,也可以选择如图 4-17 所示的偏置方法。在这种工作模式下,热电偶导线的负端被接在一个输出已知的电压源上,这样就消除了前一种方法中的偏置电流,而只需要考虑相对更小的 ADC 输入电流。在选用此种偏置方案时,可依据实际情况,选用 ADC 参考电压或引入外部参考电压对热电偶进行偏置。

**3. 热电偶输出电压的测量**

以使用一个 16 位的双极型 ADC 为例，可通过以下公式计算热电偶的输出电压：

$$U_\circ = \frac{O_{ADC} \times U_{ref}}{G \times 2^{16}}$$

式中，$O_{ADC}$ 为 ADC 的读数，$U_{ref}$ 为参考电压，$G$ 为 ADC 的 PGA 增益。假设使用的 K 型热电偶测量结果在经过 ADC 后产生的十六进制读数为 31CF（对应十进制数的 12751），且设参考电压为 2.048V，那么热电偶的输出电压 $U_\circ = \frac{12751 \times 2.048}{32 \times 2^{16}} = 24.904\text{mV}$。通过查表即可读出该输出电压对应为 600℃。注意还需要考虑热电偶冷端温度在实际测量中很可能不为 0℃的情况。因此，为了获得准确的测量结果，还需要进行热电偶冷端补偿。

**4. 冷端补偿计算与电压—温度转换**

设前述例子中的热电偶冷端温度为 25℃，通过查表可知对应热电压为 1.000mV，故可知修正后的热电偶的输出电压为 24.904＋1.000＝25.904mV。通过查表并估计（可使用插值法估测）可知对应的温度约为 623.5℃。

上述计算与转换过程可以框图的形式表示，如图 4-18 所示。

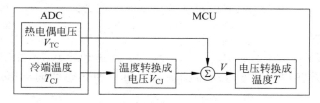

图 4-18 热电偶温度转换成电压过程示意图

**【思政讲堂】** 矛盾无所不在，但有主次之分，就像热电偶的电势由接触电势和温差电势组成，但主要由接触电势决定，而温差电势可以忽略不计一样，只要紧紧抓住主要矛盾就能高效率地认识和解决问题。

# 思 考 题

（1）分析热电偶传感器的测温范围、模拟信号灵敏度、传感器精度主要由哪些因素决定？

（2）在实验中应如何进行冷端温度补偿？

（3）在测量电路中如何降低热电偶输出信号中的噪音？

# 习 题

**1. 单项选择题**

（1）下面方法中，哪一种不能用于热电偶测温时的温度补偿_____。

A. 补偿导线法　　　　　　　　　　B. 电桥补偿法

C. 冷端恒温法　　　　　　　　　　D. 差动放大法

(2) 热电偶测量温度时_____。

A. 需加正向电压　　　　　　　　　B. 需加反向电压

C. 加正向、反向电压都可以　　　　D. 不需加电压

(3) 热电偶中产生热电势的条件为_____。

A. 两热电极材料相同　　　　　　　B. 两热电极的两端点温度相同

C. 两热电极的几何尺寸不同　　　　D. 两热电极的两端点温度不同

(4) 实用热电偶的热电极材料中,用得较多的是_____。

A. 纯金属　　　　B. 非金属　　　　C. 半导体　　　　D. 合金

(5) 工业生产中,热电偶的冷端处理常用方法不包括_____。

A. 热电势修正法　　　　　　　　　B. 温度修正法

C. 0℃恒温法　　　　　　　　　　D. 补偿导线法

(6) 在实际的热电偶测温应用中,引用测量仪表而不影响测量结果是利用了热电偶的_____基本定律。

A. 中间导体定律　　　　　　　　　B. 中间温度定律

C. 标准电极定律　　　　　　　　　D. 均质导体定律

(7) 热电偶传感器是一种将温度变化转换为_____变化的装置。

A. 电流　　　　　B. 电阻　　　　　C. 电压　　　　　D. 电量

(8) 采用热电偶测温与其他感温元器件一样,是通过热电偶与被测介质之间的_____。

A. 热量交换　　　　　　　　　　　B. 温度交换

C. 电流传递　　　　　　　　　　　D. 电压传递

(9) _____的数值越大,热电偶的输出热电势就越大。

A. 热端直径　　　　　　　　　　　B. 热端和冷端的温度

C. 热端和冷端的温度差　　　　　　D. 热电极的电导率

(10) 在热电偶测温回路中采用补偿导线的主要目的是_____。

A. 补偿热电偶冷端热电势的损失　　B. 冷端温度补偿

C. 将热电偶冷端延长到远离高温区的地方　　D. 提高灵敏度

**2. 简答题**

(1) 什么是热电偶的中间导体定律?有什么实际应用意义?

(2) 什么是热电偶的中间温度定律?有什么实际应用意义?

(3) 热电偶冷端温度对热电偶测温热电势有什么影响?为消除冷端温度对测量结果的影响,可采取哪些措施?

(4) 热电偶测量时产生的电势可表示为 $E_{AB}(t, t_0)$,其中 $A$、$B$、$t$、$t_0$ 各代表什么?

(5) 热电偶测量时为什么要连接补偿导线?

(6) 简述热电偶冷端温度补偿的几种主要方法及补偿原理。

### 3. 计算题

（1）K型热电偶测量时热端温度 $t = 500℃$，冷端温度 $t_0 = 25℃$，求回路实际总电势为多少？

（2）使用K型热电偶测温，当冷端温度为 $0℃$，热端温度为 $20℃$ 和 $500℃$ 时，热电势分别为 $0.798mV$ 和 $20.644mV$。当冷端温度为 $20℃$，热端温度为 $500℃$ 时的热电势为多少？

（3）用两只K型热电偶测量两点温度差，其连接线路如图4-19和图4-20所示。已知 $t_1 = 420℃$，$t_0 = 30℃$，测得两点的温差电势为 $15.24mV$，问两点的温度差是多少？如果 $t_1$ 温度下热电偶错用的是E型热电偶，其他都正确，则两点的实际温度差是多少？

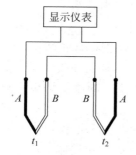
图4-19　K型热电偶测温

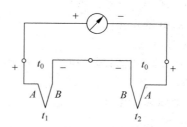
图4-20　K型热电偶测温

（4）将一根E型热电偶与电压表相连，电压表接线端是 $50℃$ 时，热电偶输出为 $4mV$。若该热电偶的灵敏度为 $0.08mV/℃$，电位计读数是 $60mV$ 时，此时热电偶热端温度是多少？

（5）如图4-21所示K型热电偶测温回路，若 $t_1$ 为 $200℃$，$t_2$ 为 $100℃$，则毫伏表示数为多少？

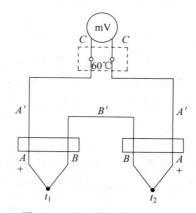
图4-21　K型热电偶测温回路

# 光电传感器系统及应用

## 5.1 基本概念

**1. 光电传感器**

光电传感器是将光信号转换为电信号的一种元器件。光电传感器可用于检测直接引起光量变化的非电量,如光强、光照度、辐射测温、气体成分分析等;也可用来检测可以转换成光量变化的其他非电量,如零件直径、表面粗糙度、应变、位移、振动、速度、加速度等。使用光电传感器进行测量具有非接触、灵活、响应快、精度高、检测距离远等优点,因此在工业生产和日常生活中获得广泛应用。

光电传感器由发送器、接收器和检测电路三部分构成。发送器发射光束,一般采用半导体光源,如发光二极管(LED)、激光二极管及红外发光二极管。光束可连续发射,也可以脉冲形式发射。常用接收器有光电二极管、光电三极管和光电池。在接收器上可安装光学元器件如透镜和光圈等。接收器连接检测电路,可以对测量信号进行消噪与放大。

光电传感器的核心工作原理是基于光电效应,即当物体受到光线照射时,其内部的电子吸收了光子的能量后状态发生改变,产生了相应的电效应现象,如图5-1所示。根据光电效应现象的不同,可以将光电效应分为外光电效应、光电导效应以及光生伏特效应三类。

(1)外光电效应。在光线作用下,电子逸出物体表面的现象称为外光电效应。基于外光电效应的光电元器件有光电管、光电倍增管等。

(2)光电导效应。在光线作用下,半导体内的载流子获得能量,发生能级跃迁,参与导电,在外加电场的作用下进行漂移运动,电子流向电源的正极,空穴流向电源的负极。随着光照强度的升高,电导率不断增大。基于光电导效应的光电元器件有光敏电阻、光敏三极管等。

(3)光生伏特效应。在光线作用下,物体内部产生电场与一定方向

光电导效应和
光生伏特效应

的电势称为光生伏特效应。基于光生伏特效应的光电元器件有光电池、光敏二极管和光敏三极管等。

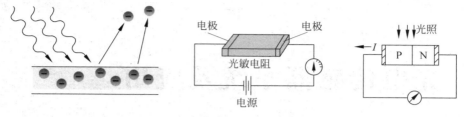

图 5-1　光电传感器原理及工作示意图

根据检测方式的不同,光电传感器可分为漫反射型、反射板型、对射型三种类型。

**2. 常用的光电元器件及其应用**

光电传感器有基本元器件如光敏电阻、光敏二极管、光敏三极管等,这些元器件功能与常规的电阻、二极管和三极管类似,不同的是这些光电元器件的性能可以由光来控制。

光敏电阻应用　　　　光敏二极管应用　　　　光敏晶体管应用　　　光敏晶体管应用案例展示

例如,光电阻在亮光照射下呈现的电阻为亮电阻,在没有光线照射下呈现的电阻为暗电阻。亮电阻非常小,暗电阻非常大,所以光敏电阻可以由光的强度来调节电阻的大小。

再如光敏二极管在电路应用中一般都反接。在无光线照射的情况下,光敏二极管处于反向截止状态;而在有光线照射的情况下,光敏二极管则由截止状态转换为导通状态。

光敏三极管与一般的三极管类似,其不同之处在于光敏三极管的导通或截止是由光的强度来控制的。在无光线照射的情况下,光敏三极管处于截止状态,而在有光线照射的情况下,则处于导通状态。

# 5.2　几种常用的光电传感器

**1. 槽型光电传感器**

发光器和接收器面对面地装在一个槽的两侧。发光器发出红外光或可见光,在没有物体遮挡的情况下光接收器能接收到光。但当被检测物体从槽中通过时,光被遮挡,光接收器无法接收到光,此时输出一个开关控制信号,切断或接通负载电流,从而完成一次控制动作。槽型开关的检测距离因为受整体结构的限制一般只有几厘米。

**2. 对射型光电传感器**

把发光器和收光器分离,可以加大检测距离。由一个发光器和一个收光器分离开组成的光电开关称为对射分离型光电开关,简称对射型光电开关。它的检测距离可达到几米甚至几十米。使用时把发光器和收光器分别安装在检测物通过路径的两侧,检测物通过时阻挡光路,就进行动作,输出一个开关控制信号。

### 3. 反光板型光电开关

把发光器和收光器装入同一个装置,在它的前方装一块反光板,利用反射原理完成光电控制,称为反光板反射式(或反射镜反射式)光电开关,简称反光板型光电开关。正常情况下,发光器发出的光被反光板反射回来,并被收光器接收,一旦光路被检测物挡住,收光器收不到光时,光电开关就动作,输出一个开关控制信号。

### 4. 扩散反射型光电开关

扩散反射型光电开关的检测头里装有一个发光器和一个收光器,但没有反光板。对于正常情况下发光器发出的光,收光器是接收不到的。但当检测物通过时挡住了光,并把光部分反射回来,收光器就收到光信号,输出一个开关信号。

## 5.3 应 用 场 景

光电传感器将可见光及红外线等形式的"光线"通过发射器进行发射,并通过接收器检测由检测物体反射的光或被遮挡的光量变化,可检测物体有无、光信号强弱、光的颜色等参数,广泛应用在检测和控制中。常见的有开关控制、自动计数、颜色分拣等。其主要包括以下应用场景。

### 1. 光电式烟雾报警器

没有烟雾时,发光二极管发出的光线直线传播,光电三极管没有接收信号,没有输出。有烟雾时,发光二极管发出的光线被烟雾颗粒折射,三极管接收到光线,有信号输出,发出警报。光电式烟雾报警器原理示意如图 5-2 所示。

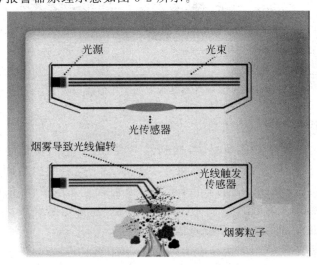

图 5-2 光电式烟雾报警器原理示意图

## 2．光电式转速表

在电动机的旋转轴涂上黑白两种颜色,转动时,反射光交替出现,光电传感器间断接收到光的反射信号,并输出间断的电信号,再经放大器及整形电路放大、整形输出方波信号,最后由电子数字显示器输出电动机的转速。光电式转速表工作原理示意如图 5-3 所示。

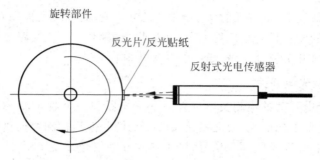

图 5-3　光电式转速表工作原理示意图

## 3．产品计数器

产品在传送带上运行时,不断地遮挡光源到光电传感器的光路,产品每遮光一次,光电传感器电路便产生一个脉冲信号,因此,输出的脉冲数即代表产品的数目。该脉冲信号经计数电路计数并由显示电路显示出来。光电产品计数器的工作原理示意如图 5-4 所示。

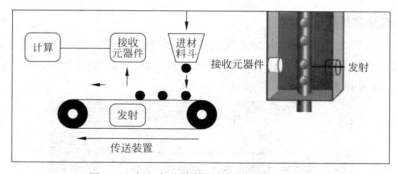

图 5-4　光电产品计数器的工作原理示意图

## 4．条形码扫描笔

当扫描笔头在条形码上移动时,若遇到黑色线条,发光二极管的光线被黑线吸收,光敏三极管接收不到反射光,呈高阻抗,处于截止状态。当遇到白色间隔时,发光二极管发出的光线被反射到光敏三极管的基极,光敏三极管产生光电流而导通。整个条形码被扫描之后,光敏三极管将条形码变形一个个电脉冲信号,该信号经放大、整形后形成脉冲系列,再经计算机处理,即完成对条形码信息的识别。

## 5．感光报警器

当无光照时,硅光电池无电压产生,此时硅光电池相当于一个电阻串接在放大器的基极电路上。当有光照时,硅光电池产生电压,该电压可通过继电器触发蜂鸣器或报警灯发出报警声响或灯光闪烁。

**6. 光电制导**

光电制导是指用以导引和控制导弹飞向目标的制导方式。光电制导类型可按照采用的光波波段分为可见光、红外光、激光和多模复合制导等。以激光制导为例,通过激光发射指示器将激光波束指向目标,集成在弹头或弹体上的激光导引头接收目标反射的激光信号,跟踪目标上的激光光斑,引导导弹飞向光斑。光电制导原理示意如图 5-5 所示。

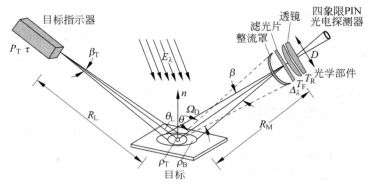

图 5-5　光电制导原理示意图

除了以上应用,光电传感器在高压大电流测量、继电保护、烟尘浊度监测等方面也有着广泛应用。

# 5.4　应用项目

## 项目 5-1：光敏二极管测光应用案例解析

如图 5-6 所示,$VD_1$ 为光敏二极管。通过光敏二极管对光的检测情况控制继电器 KA 的断开或闭合。

**解析:** (1) 在无光照射的情况下,光敏二极管 $VD_1$ 处于截止状态。此时 $U_i$ 与电源 $V_{DD}$ 断开,与地相连,因此 $U_i$ 为低电平。根据施密特反相电路(74HC14)输出特性(如图 5-6(b)所示)可知,其输出 $U_o$ 为高电平,电平电压为 4.9V。假如 $V_1$ 的基极导通电压 $U_{BE}=0.7V$,集电极饱和压降 $U_{CES}=0.3V$,继电器 KA 的线圈直流电阻为 $100\Omega$,则 $V_1$ 的基极电流 $I_B=\dfrac{U_o-U_{BE}}{R_2}=\dfrac{4.9-0.7}{1000}=4.2mA$,$V_1$ 的饱和电流 $I_{CES}=\dfrac{V_{DD}-U_{CES}}{100}=\dfrac{5-0.3}{100}=4.7mA$。若 KA 的额定工作电流为 45mA,则继电器 KA 吸合。

(2) 光敏二极管 $VD_1$ 在有光照射情况下,处于导通状态。此时 $U_i$ 与电源 $V_{DD}$ 连通,$U_i$ 为高电平,高电平的具体数值由电阻 $R_L$ 决定,即 $U_i=I_\phi R_L$。其中,$I_\phi$ 为光敏二极管的导通电流。当 $U_i$ 大于 3V 时,根据施密特反相电路输出特性可知,其输出电压 $U_o$ 为低

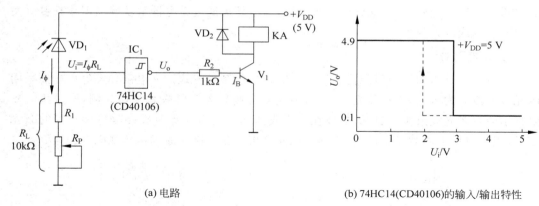

(a) 电路　　　　　　　　　　　　(b) 74HC14(CD40106)的输入/输出特性

图 5-6　光敏二极管测光应用案例

电平,电平电压值约为 0.1V,小于 $V_1$ 的基极导通电压 $U_{BE}=0.7V$,因此 $V_1$ 处于截止状态。此时,继电器 KA 的工作回路被断开,工作电流约为零,则继电器 KA 释放。

(3) 以上分析了光敏二极管在无光照射和有光照射情况下所引发的继电器吸合和释放两种情况,继电器的吸合对应开关的闭合,释放对应开关的断开,具体例子可以参考门禁系统。实际上有光照射和无光照射是一个相对概念。在同样的光强度照射下,可以通过调整 $R_P$ 的值来调整 $U_i$ 的值。即在同样光照强度下,光照电流 $I_\phi$ 不变,由于 $U_i=I_\phi R_L=I_\phi(R_1+R_P)$,从而通过调整 $R_P$ 实现调整 $U_i$ 的目的。由于 $U_i$ 的大小直接影响 KA 的吸合和释放,因此调整 $R_P$ 可以实现电路调整驱动继电器 KA 吸合或释放光强度值大小的目的。如果希望令比原来暗一点的光也能驱动继电器释放(断开),可以将 $R_P$ 调大一点,即将 $R_P$ 向下滑动。

(4) $IC_1$ 施密特反相电路的作用是为电路系统提供一个可以驱动 KA 释放或吸合的 $U_i$ 电平区隔(例如,2～3V,当 $U_i$ 大于 3V 时,输出 $U_o$ 由高电平变为低电平,$U_i$ 小于 2V 时,$U_o$ 由低电平变为高电平)。如果没有这个电平区隔,只要 $U_i$ 稍微受到一点干扰就会发生变动,继电器 KA 的状态也会跟着变动,KA 会表现出不断反复释放和吸合的状况。

(5) 电路中 $VD_2$ 是一个用于保护 $V_1$ 的二极管。由于继电器 KA 中有线圈,当三极管 $V_1$ 由导通转换为截止状态时,KA 突然失电,会在 $V_{DD}$ 基础上产生一个反冲电压,这个反冲电压有可能把 $V_1$ 击穿。$VD_2$ 可以把反冲电压引导到电源电路上,从而不会对三极管 $V_1$ 产生较大的冲击,对 $V_1$ 起到保护作用。

## 项目 5-2：光敏传感器开关特性检测

1) 项目任务

利用光敏电阻传感器测量光强

(1) 熟悉和掌握光敏电阻传感器输出信号的特性和分析方法。

(2) 了解和掌握光敏电阻传感器的线性特性和开关特性。

(3) 了解光敏电阻传感器检测系统电路的组成。

(4) 掌握光敏电阻传感器检测光强的应用编程。

（5）掌握光敏电阻传感器相关应用知识。

2）项目要求

（1）采用光敏电阻传感器检测环境光强。

（2）搭建电路步骤合理，注意接线顺序。

（3）能够正确调试电路，使用万用表排除断路和短路故障。

（4）能够正确使用测试仪表测量电路。

（5）能够正确分析传感器系统中的信号转换与分析过程。

3）项目提示

（1）原理说明。光敏电阻通常采用硫化镉或硒化镉等半导体材料制成。基于光导电效应，在无光照时，光敏电阻呈高阻状态，暗电阻很大；当光照强度升高时，由于光照激发更多的载流子参与导电，光敏电阻器的阻值迅速下降。由于光敏电阻对环境光线敏感，因此可用来检测环境光线的亮度。本次实验采用光敏电阻传感器模块，如图 5-7 所示，该模块配可调电位器可用于调节检测光线的亮度，可输出开关量，也可输出模拟量。

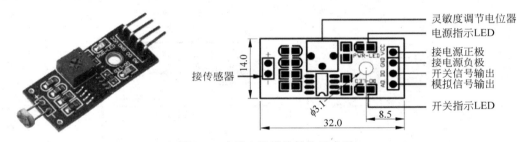

图 5-7　光敏电阻模块结构示意图

该模块共有 4 个引脚，其中 $V_{CC}$ 引脚接电源正极，可取 3.3～5V 直流电压源。GND 引脚接电源负极。DO 引脚为 TTL 开关信号输出端，当环境光线亮度达不到设定阈值时，DO 端输出高电平，当环境光线亮度超过设定阈值时，DO 端输出低电平。因此可以通过检测 DO 输出端的电平高低来检测环境光线的明暗，通过调节电位器，可以调节检测亮度阈值。DO 输出端可用于驱动继电器模块，从而组成光控开关；AO 引脚为模拟信号输出端，输出电压的高低与光线的明亮呈线性关系，可通过测量 AO 端电压的高低计算环境光亮度。

（2）实验电路参考。该实验可以在美国 NI 公司的 ELVIS 实验板上搭建电路，也可以用一般的面包板。实验电路参考图如图 5-8 所示。

（3）操作步骤如下。

① 电路搭建。在面包板上放置光敏电阻传感器模块，将 4 个引脚在面包板上插好。将传感器模块的 $V_{CC}$ 引脚连至 ELVIS 的＋5V 电压供电端；DO 引脚用导线连接到实验板上的数字输入输出接口 DIO，例如 DIO-0 口，并将 DIO-0 口的信号引到实验板的 LED-0 指示灯；AO 引脚连至实验板的模拟电压输入端口 AI0＋；GND 引脚连至 AI0－。

② 光敏传感器模块开关特性测试。LabVIEW 程序编写的框图和前面板如图 5-9 和图 5-10 所示。此处可通过 DAQmx 函数采集 DO 接口输出的电压。

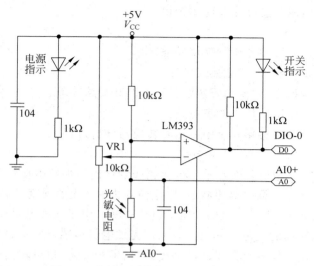

图 5-8  光敏电阻传感器实验电路参考图

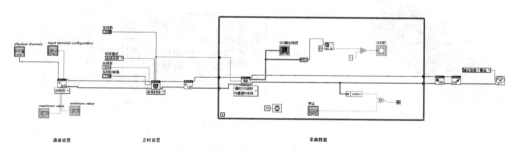

图 5-9  光敏传感器模块开关特性测试程序框图

图 5-9

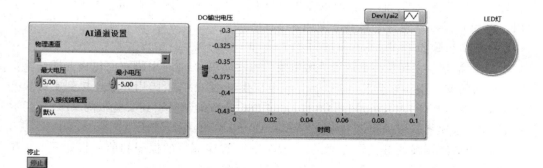

图 5-10  光敏传感器模块开关特性测试前面板

运行 LabVIEW 程序,用手指遮挡光敏电阻,观察实验板上 LED 指示灯的亮灭,将结果填入表 5-1 和表 5-2。

**表 5-1　实验结果——LED 灯状态记录表**

| 遮挡状态 | LED 亮灭状态 |
|---|---|
| 完全遮挡 | |
| 遮挡慢慢解除 | |
| 完全无遮挡 | |

**表 5-2　实验结果——DO 电压值记录表**

| LED 状态 | DO 电压值 |
|---|---|
| 由暗变亮 | |
| 亮 | |
| 由亮变暗 | |
| 暗 | |

将手由远至近,慢慢挡住光敏电阻的光线,观察 DO 输出电压,可以看到 DO 输出电压在高低电平之间变化。

## 项目 5-3：光敏传感器模块线性特性测试项目

1）实验原理及电路搭建

实验原理及电路可参考图 5-8 及光敏传感器开关特性检测项目。

2）光敏传感器模块线性特性测试

LabVIEW 程序编写的框图和前面板如图 5-11 和图 5-12 所示。此处可通过 DAQmx 函数采集 AO 接口输出的电压。

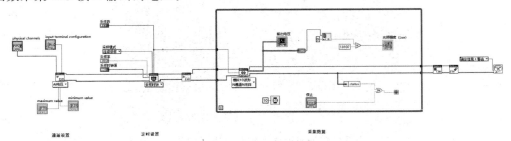

图 5-11　光敏传感器模块线性特性测试程序框图

图 5-11

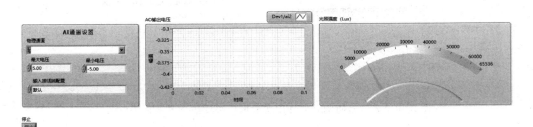

图 5-12　光敏传感器模块线性特性测试前面板

运行 LabVIEW 程序，将手由远至近，慢慢挡住光敏电阻的光线，观察 AO 输出电压的变化。同时在光敏电阻旁边放置照度计探头，测量照度值。将 AO 输出电压值和照度计测量值填入表 5-3，分析环境光照度与 AO 输出电压之间的关系。

表 5-3　AO 电压测试记录表

| AO 电压值/V | 照度值/lux |
| --- | --- |
|  |  |
|  |  |
|  |  |
|  |  |

### 项目 5-4：基于 LabVIEW 系统平台的模拟仿真实验

1）光敏电阻测光照强度的模拟实验

将光敏电阻测光照强度实验的电压采样过程通过编程仿真实现，步骤如下。

（1）设定光照强度值。

（2）编程仿真实现将光照强度变化转换成电阻值变化的过程。光敏电阻测光照强度实验电压采样仿真系统前面板如图 5-13 所示。

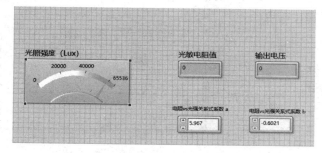

图 5-13　光敏电阻测光照强度实验电压采样仿真系统前面板

（3）编程实现将电阻值变化转换成电压值变化的过程。光敏电阻测光照强度实验电压采样仿真系统程序框图如图 5-14 所示。

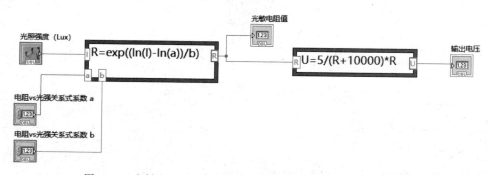

图 5-14　光敏电阻测光照强度实验电压采样仿真系统程序框图

2）光敏电阻测光照仿真实验

光敏电阻测光照仿真实验步骤如下。

（1）设定输出电压值。

（2）将电压变化信号转换成电阻变化信号。

（3）将电阻变化信号转换成光照强度变化信号。

（4）显示光照强度值。

光敏电阻测光照强度仿真系统程序框图和前面板分别如图 5-15 和图 5-16 所示。

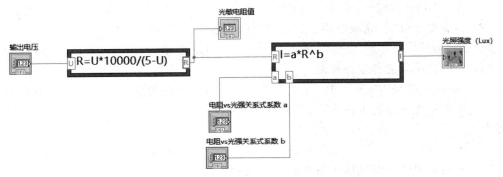

图 5-15　光敏电阻测光照强度仿真系统程序框图

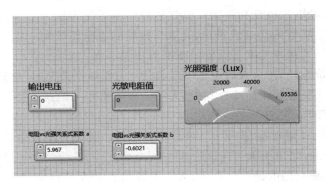

图 5-16　光敏电阻测光照强度仿真系统前面板

# 思　考　题

（1）传感器组成电路为什么具备开关特性？

（2）当环境光照强度固定不变时，观察当电位器电阻从小变大时 LED 的状态，并结合传感器电路分析原因。

（3）开关光敏电阻传感器可以用于什么实际场景？

（4）如何改造实验用传感器可使其具备线性特性。

（5）传感器组成电路为什么具备线性特性？

（6）线性光敏电阻传感器可以用于什么实际场景？

（7）如何改造可提高传感器线性特性灵敏度？

# 习　题

### 1. 选择题

（1）下列元器件中基于外光电效应的是_____。

    A. 光电管　　　　　B. 光电池　　　　　C. 光敏电阻　　　　D. 光电倍增管

（2）光敏二极管基于_____工作，光电池基于_____工作。

    A. 外光电效应　　　B. 内光电效应　　　C. 光生伏特效应　　D. 热电效应

（3）当温度上升时，光敏电阻、光敏二极管、光敏三极管的暗电流_____。

    A. 增大　　　　　　B. 减小　　　　　　C. 不变　　　　　　D. 不确定

（4）光电传感器的基本原理是_____。

    A. 压电效应　　　　B. 光化学效应　　　C. 光热效应　　　　D. 感光效应

（5）欲利用光电池为手机充电，需将数片光电池_____，以提高输出电压，再将几组光电池_____，以提高输出电流。

    A. 串联　　　　　　B. 并联　　　　　　C. 短路　　　　　　D. 开路

（6）光敏电阻的相对灵敏度与入射波长的关系称为_____。

    A. 伏安特性　　　　B. 光照特性　　　　C. 光谱特性　　　　D. 频率特性

（7）下列关于光敏二极管和光敏三极管的对比不正确的是_____。

    A. 光敏二极管的光电流很小，光敏三极管的光电流较大

    B. 光敏二极管与光敏三极管的暗电流相差不大

    C. 工作频率较高时，应选用光敏二极管；工作频率较低时，应选用光敏三极管

    D. 光敏二极管的线性特性较差，光敏三极管有很好的线性特性

（8）光敏电阻的特性是_____。

    A. 有光照时亮电阻大　　　　　　　B. 无光照时暗电阻小

    C. 无光照时暗电流大　　　　　　　D. 有光照时亮电流大

（9）晒太阳取暖利用的是_____，人造卫星的光电池是利用_____工作的，植物生长利用的是_____。

    A. 光电效应　　　　B. 光化学效应　　　C. 光热效应　　　　D. 感光效应

（10）光纤传感器一般由三部分组成，除了光纤外，还包括光源和_____。

    A. 反射镜　　　　　B. 透镜　　　　　　C. 光栅　　　　　　D. 光探测器

### 2. 简答题

（1）电效应有哪几种？典型光电元器件有哪些？

（2）简述光电池的工作原理。

（3）简述光敏电阻的工作原理。

（4）光电式传感器的基本形式有哪些？

（5）比较光敏电阻、光电池、光敏二极管和光敏三极管的性能差异，并简述在不同的场合应选用哪种元器件最为合适。

**3．计算题**

（1）在光电转速测量中，转盘上有两个扇片（可以反射光），频率表的显示值为60Hz，测定转速为多少？

（2）已知某一光电管在外部电场作用下的灵敏度$K=20$mV/1000lx，负载电阻1kΩ，当光照度为3000lx时，输出电压为多少？

（3）硅光电池的负载电阻为$R_L$，画出等效电路图，写出流过负载电阻$R_L$的电流表达式及开路电压与短路电流表达式。

# 超声波传感器系统及应用

## 6.1 基本概念

人类可以听到的声音频率为 $20\text{Hz}\sim20\text{kHz}$，即为可听声波，超出此频率范围的声音，即 $20\text{Hz}$ 以下的声音称为次声波，$20\text{kHz}$ 以上的声音称为超声波。超声波为机械波，传播方式为纵波传播。频率越高，绕射能力越弱，但反射能力越强。利用超声波的这种性质可以制成超声波传感器。

超声波传感器有发送器和接收器之分，但一个超声波传感器也可以具有发送声波和接收声波的双重作用，即为可逆元器件。基于逆压电效应，在压电元器件上施加交变电压，元器件即按照相同频率伸缩变形发射超声波，超声波在遇到障碍物后进行反射，接收器利用压电效应，产生同频率电信号，通常该电信号较弱，需采用放大器进行放大。

**1. 超声波的基本特性**

（1）频率越高，超声波能量越大。

（2）频率越高，超声波传播的线性度越高（发散角越小）。

（3）超声波在介质中会衰减。介质密度越小、频率越高时，衰减越快。因此一般密度较小时，声波传播较慢。

超声波之所以具备以上特性，主要原因如下。

（1）密度高，分子间隔近，振动在分子之间很容易"接力"传导，因此声波传播速度快。

（2）密度越低间隙越大，振动在间隙中衰减越严重，因此声波衰减较快。

**2. 超声波的反射和折射特性**

同光一样，超声波也存在反射和折射现象。

（1）当超声波从低密度介质射向高密度介质时，大部分能量通过折射进入高密度介质。

（2）当超声波从高密度介质射向低密度介质时，大部分能量通过反射回到高密度介质，少部分泄漏到低密度介质。

（3）当两种介质密度相同或接近时，不产生反射，而是近乎全透射。

**3. 超声波传感器的检测方式**

1）穿透式超声波传感器的检测方式

当物体在发送器与接收器之间通过时，可以通过检测超声波束衰减或遮挡的情况判断有物体通过。这种方式的检测距离约为 1m。与光电传感器不同，超声波传感器也可以检测透明物体。

2）限定距离式超声波传感器的检测方式

当发送的超声波束碰到被检测物体时，仅检测电位器设定距离内物体的反射波，从而判断在设定距离内有无物体通过。若被检测物体的检测面为平面时，可检测到透明体；若被检测物体的检测面为倾斜时，有时不能检测到被测物体；若被检测物体不是平面形状，在实际应用时一定要确认是否能检测到被测物体。

3）限定范围式超声波传感器的检测方式

在距离设定范围内放置反射板，当发送超声波束时，被检测物体会遮挡反射板的正常反射波，超声波传感器会检测到反射板的反射波衰减，即代表有遮挡情况，从而判断有物体通过。

**4. 超声波传感器系统的主要参数**

1）超声波频率

（1）声波传播损失会随距离增大而增加。如果对测距要求较高，由于介质对声波的吸收与声波频率的平方成正比，为减小声波的传播损失，必须降低所用超声波的频率。

（2）超声波频率越高，传感器的方向性越"尖锐"，测量障碍物复杂表面越准，而且波长短，尺寸分辨率高，"细节"容易辨识。所以为了测量复杂障碍物表面或提高测量精度，就需要提高超声波工作频率。

（3）超声波频率越低，传感器尺寸越大，制造和安装越困难。

2）超声波声速

声速的精确程度线性地决定了测距系统的测量精度。传播介质中声波的传播速度随温度、杂质含量和介质压力的变化而变化。声速随温度变化公式为 $v=331.5+0.607\times T(\text{m/s})$，其中 $T$ 代表温度。通常在室内常温下，声音在空气中的传播速度可取 340m/s。

3）发射脉冲宽度

发射脉冲宽度决定了测距仪的测量盲区，也影响着测量精度，同时与信号的发射能量有关。减小发射脉冲宽度可以减小测量盲区，提高测量精度，但同时也减小了发射能量，不利于接收回波。而过宽的脉冲宽度会增加测量盲区，既不利于接收回波，也增加了比较电路的设计难度。因此，发射脉冲宽度的选择也需在合理的范围内，过大过小都不适宜。

### 5．小结

超声波传感器的优点包括测量不受被检测物体颜色的影响，可测量半透明或透明物体，测量范围广（从几厘米至几米），准确度可达 1%，测量速度快，价格便宜等。但在使用时需要注意以下几点。

① 由于声速取决于温度和湿度，环境条件可能会改变测量的准确性。

② 超声波传感器只能用于检测距离，不能提供任何形状或颜色特征，变脏、受潮或冻结时会导致性能不稳定。

③ 由于声音传播依赖于介质，因此不能在真空中工作。

# 6.2　应　用　项　目

## 项目 6-1：超声波探伤应用案例解析

图 6-1(a)所示为超声波探头发射超声波时，在钢制工件无损伤时的超声波反射波形形成过程；图 6-1(b)所示为超声波探头发射超声波时，在钢制工件有损伤时的超声波反射波形形成过程。

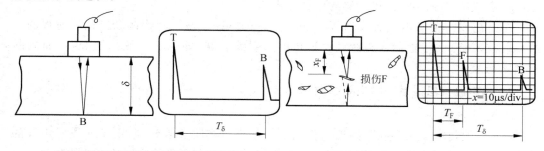

(a) 无损伤时超声波的反射及显示波形　　　　(b) 有损伤时超声波的反射及显示波形

图 6-1　超声波探伤应用案例图

**解析**：(1) 超声波发射晶体探头与被测工件之间充满液体耦合剂，避免探头与工件之间有空气间隙。由于空气密度很小，如存在间隙未填充，将引起三个界面间强烈的杂乱反射波，造成干扰，而且空气也将对超声波造成很大的衰减。耦合剂排挤了接触面之间的空气，使超声波能顺利进入被测介质工件。

(2) 如果工件无缺陷，探头晶体发射 T 波，由于工件密度比耦合剂和空气的密度大，超声波进入工件，在到达工件另一个表面时，由于空气密度比工件小，超声波几乎全部在工件内部反射，形成 B 波。T 波和 B 波之间的时间间隔为 $T_\delta = 10\mu s/div \times 10 div = 100\mu s$，工件的厚度 $\delta = \dfrac{T_\delta \times v}{2}$，其中，$v$ 为超声波在刚体制件中的速度 $v = 5.9 km/s$，因此工件厚度为 $\delta = \dfrac{T_\delta \times v}{2} \approx 0.3 m$。

(3) 如果工件有缺陷，由于缺陷存在空隙，空隙密度明显比钢制件密度小，因此超声波到达空隙边缘时迅速发射,形成 F 波。$T_F=10\mu s/\text{div}\times 3.5\text{div}=35\mu s$,此时工件表面离缺陷的距离 $d=\dfrac{T_F\times v}{2}$,$v=5.9\text{km/s}$,因此缺陷离工件表面的距离为 $d=\dfrac{T_F\times v}{2}=\dfrac{35\mu s\times 5.9\text{km/s}}{2}\approx 0.1\text{m}$。

## 项目 6-2:超声波测距实验

1)项目任务

利用超声波传感器测量距离

(1)熟悉和掌握超声波传感器系统的组成。

(2)了解和掌握超声波传感器输出信号的特性和分析方法。

(3)熟悉和掌握超声波传感器的线性特性和开关特性。

(4)掌握超声波传感器测距应用编程。

(5)掌握超声波传感器测距相关应用知识。

2)项目要求

(1)采用超声波传感器实时、准确地检测物品的有无及距离的远近。

(2)搭建电路步骤合理,注意接线顺序。

(3)能够正确调试电路,使用万用表排除断路和短路故障。

(4)能够正确使用测试仪表测量电路。

(5)能够正确分析传感器系统中的信号转换过程。

3)项目提示

(1)本实验可以在美国 NI 公司的 ELVIS 实验板上搭建电路,也可以使用一般的面包板。实验电路参考图 6-2。

(2)实验过程参考。

原理说明:本实验采用 HC-SR04 超声波测距传感器,为双探头结构,一个作为发射器,将电信号转换为 40kHz 超声波脉冲;另一个作为

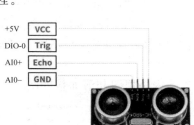

图 6-2 实验电路参考图

接收器,接收反射的脉冲。其引脚包含 $V_{CC}$ 电源端,可连接 +5V 电源;Trig 为触发端,用于触发发射超声波脉冲;Echo 为回声端,当接收到反射信号时,该引脚产生一个脉冲,脉冲的长度与超声波发射与接收的时长成正比;GND 为接地端。该传感器的功耗低,价格便宜,最远测距可达 4m,广泛应用于单片机项目中。

① 采用 IO 触发测距。当持续时间 10μs 以上的脉冲施加到 Trig 引脚时,发射器发射 8 个 40kHz 的方波的超声波脉冲,接收器检测是否有超声波信号返回;同时,Echo 引脚变为高电平,如果这些超声波脉冲信号没有被反射回来,则 Echo 引脚高电平信号将在 38ms 后返回低电平。因此 Echo 引脚处 38ms 的高电平脉冲表示在传感器范围内没有障碍物。

② 如果超声波信号反射后被接收,Echo 引脚就会变为低电平。通过 Echo 引脚输出的脉冲宽度可以用来计算被测物体与传感器之间的距离(距离＝声速×脉冲宽度÷2)。通常空气中的声速取 340m/s。注意这里的脉冲宽度代表超声波发射并反射回来耗费的时间,因此在计算距离时需要除以 2。

(3) 操作步骤如下。

① 电路连接。在面包板上放置超声波传感器,将 4 个引脚在面包板上插好,将超声波传感器的 $V_{CC}$ 引脚连至 ELVIS 的＋5V 电压供电端;将 Trig 触发引脚用导线连接到实验板上的数字输入输出接口 DIO,例如 DIO-0 口,并将 DIO-0 口的信号引到实验板的 LED-0 指示灯;将 Echo 引脚连至实验板的模拟电压输入端口 AI0＋;GND 引脚连至 AI0－。

② 通过 LabVIEW 编程实现通过计算机采样超声波传感器 Echo 端输出脉冲长度并计算障碍物的距离,实现超声波传感器测距功能。通过 DAQmx 面板中的 CI 脉冲宽度函数测量数字脉冲长度,当脉冲宽度超过 25ms 时(物体距离大于 4m),可认为传感器前方无障碍物;当脉冲宽度小于 25ms 时,可通过公式(距离＝声速×脉冲宽度÷2)计算被测物距离。

③ 启动仪器仪表面板 Instrument launcher 系统,并单击面板上的 Digital Writer 按钮。通过选择 DIO-0 口的按钮控制该端口高低电平的切换,从而触发超声波传感器的 Trig 引脚,超声波传感器发出超声波信号。从 LabVIEW 的超声波传感器输出信号监控程序界面确认超声波传感器输出信号的变化情况。

④ 将挡板挡在超声波发射探头前,不断单击仪器仪表面板 Instrument launcher 系统的 DIO-0 按钮,触发超声波传感器的 Trig 引脚,使超声波传感器不断发出超声波信号,将挡板由近至远移动,观察 LabVIEW 程序中的测量结果,并记录至实验结果记录表中。

实验程序框图和前面板如图 6-3 和图 6-4 所示。表 6-1 为实验结果记录表。

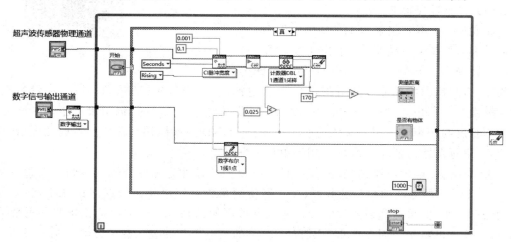

图 6-3　实验程序框图

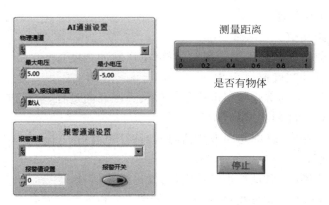

图 6-4　实验程序前面板

表 6-1　实验结果记录表

| 超声波传感器输出波形脉冲宽度/ms | 挡板离发射探头距离/m |
| --- | --- |
|  |  |
|  |  |
|  |  |
|  |  |

## 项目 6-3：基于 LabVIEW 系统平台的模拟仿真实验

（1）将超声波测距实验的电压采样过程通过编程仿真实现。程序框图和前面板如图 6-5 和图 6-6 所示。

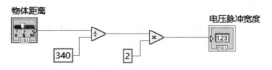

图 6-5　超声波测距实验电压采样仿真程序框图

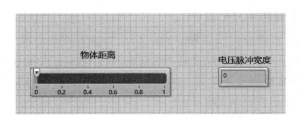

图 6-6　超声波测距实验电压采样仿真程序前面板

该实验包括以下步骤。

① 输入设定距离值；

② 将距离变化转换成超声波传播时间（即电压脉冲宽度）；

③ 显示电压脉冲宽度值。

（2）超声波测距仿真实验模拟电压信号转换为距离的过程，包括以下步骤。

① 输入设定电压脉冲宽度；

② 通过电压脉冲宽度（即超声波传播时间）计算距离值；

③ 显示距离值；

④ 通过阈值判断，距离是否小于设定值，发出报警信号。

超声波测距仿真实验程序框图和前面板如图 6-7 和图 6-8 所示。

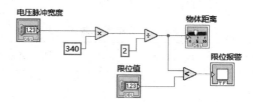

图 6-7　超声波测距仿真实验仿真程序框图

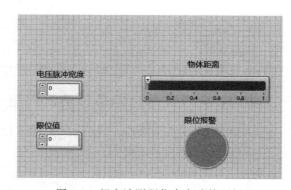

图 6-8　超声波测距仿真实验前面板

# 6.3　其他应用案例

**1. 辅助驾驶中的超声波目标检测**

自动驾驶技术中，超声波传感器被广泛应用于监控道路和周围环境。例如，超声波传感器可以检测相邻车道上的汽车以进行"盲点检测"，并在有人处于盲区时提醒驾驶员。超声波传感器用于路况检测及车载超声波传感器如图 6-9 所示，图 6-9（a）为路况检测示意图，图 6-9（b）为车载超声波传感器。

**2. 超声波距离检测**

超声波传感器可以检测汽车周围有无车辆或其他物体进入危险距离，以防止碰撞的发生。例如,在停车时,可通过超声波倒车雷达监视汽车与墙壁或其他车辆的距离。如图 6-10 所示为超声波停车距离检测示意图。

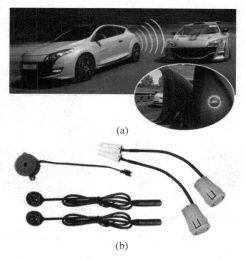

(a)

(b)

图 6-9 超声波传感器用于路况检测及车载超声波传感器

图 6-10 超声波停车距离检测示意图

**3. 超声波直径检测**

超声波传感器进入工厂,可以帮助保持自动化生产线的平稳运行。例如,在使用印刷机械印刷报纸或杂志时,所用纸张通常为一个卷筒,随着印刷的持续,卷筒的直径会逐渐减小。使用超声波传感器可以自动检测卷筒何时用完,从而及时更换新的卷筒,以保证生产效率。如图 6-11 所示为超声波传感器生产线卷筒直径检测系统示意图。

**4. 超声波物位检测**

保存于各种容器内的液体表面高度及所在的位置称为液位;固体颗粒、粉料、块料的高度或表面所在位置称为料位。液位和料位统称为物位。超声波传感器可放置在液体中,由于超声波在液体中衰减比较小,所以即使产生的超声波脉冲幅度较小也仍然可以进行有效传播。超声波传感器也可以安装在液面的上方,让超声波在空气中传播,这种方式便于安装和维修,但超声波在空气中的衰减较快。如果从发射超声波脉冲开始,到接收换能器接收到反射波为止的这个时间间隔为已知,就可以求出分界面的位置,利用这种方法可以实现对物位的测量。图 6-12 所示为超声波传感器液位测量原理示意图,图 6-13 所示为液位测量应用示意图。

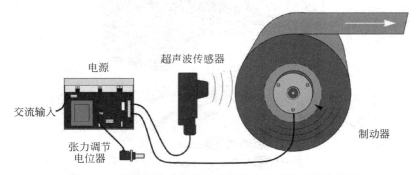

图 6-11 超声波传感器生产线纸卷直径检测系统示意图

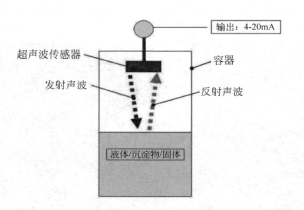

图 6-12 超声波传感器液位测量原理示意图

图 6-13 超声波传感器液位测量应用示意图

除了以上应用,超声波传感器在流量测量、无损探伤、超声波清洗、指纹识别以及医院诊断等方面也有着广泛应用。

**【思政讲堂】**　在处理问题时要懂得审时度势。就像利用传感器系统进行检测,一般都是被动感知,但超声波却是主动发射信号进行测量,从而解决一些检测难题。至于采用主动还是被动的方式,则需要根据环境和技术要求进行选择。

# 思　考　题

(1) 超声波传感器与挡板的距离之间存在怎样的数学关系?

(2) 描述超声波传感器系统如何将距离值转换成电信号。

(3) 超声波传感器的测量范围、模拟信号灵敏度、传感器精度主要由传感器的哪部分决定?

(4) 哪些外部环境因素会影响超声波传感器测量距离的精度?

(5) 超声波传感器为什么是一种主动式传感器?它可以用于哪些应用场景?

(6) 将超声波测距传感器的性能与红外测距传感器进行比较,它们各自有哪些优缺点?

# 习　　题

**1. 单项选择题**

(1) 下列材料中传播声音时声速最高的是_____。

　　A. 空气　　　　　B. 水　　　　　C. 铝　　　　　D. 不锈钢

(2) 超过人耳听觉范围的声波称为超声波,其频率高于_____。

　　A. 0.2kHz　　　　B. 2kHz　　　　C. 20kHz　　　　D. 200kHz

(3) 超声波从水中以 5°角入射到钢材内,此时的横波折射角_____。

　　A. 小于纵波折射角　　　　　　B. 等于纵波折射角

　　C. 大于纵波折射角　　　　　　D. 为 0°

(4) 超声波纵波从水中倾斜入射到金属材料中时,折射角主要取决于_____。

　　A. 水与金属的阻抗比　　　　　B. 水与金属相对声速及声波的入射角

　　C. 超声波的频率　　　　　　　D. 水与金属的密度比

(5) 振动质点在到达振幅最大(最大位移)的位置时速度为_____。

　　A. 极大　　　　　B. 极小　　　　　C. 0　　　　　D. 以上都不是

(6) 超声波从一种介质进入另一种不同介质而改变传播方向的现象叫作_____。

　　A. 散射　　　　　B. 折射　　　　　C. 反射　　　　　D. 衍射

(7) 对于选定超声波发射器,当超声波频率增加时,声束扩散角将_____。

　　A. 减小　　　　　B. 保持不变　　　　C. 增大　　　　D. 随声速均匀变化

(8) 超声波传播过程中,遇到尺寸与波长相当的障碍物时,会发生_____。

　　A. 只绕射,无反射　　　　　　B. 既反射,又绕射

C. 只反射，无绕射                    D. 以上都有可能

（9）超声波产生的原理是_____。

A. 换能器的正压电效应              B. 换能器的逆压电效应

C. 换能器的热效应                  D. 换能器的电磁辐射效应

（10）超声波基本物理量频率($f$)、波长($\lambda$)和声速($c$)三者之间的关系是_____。

A. $\lambda = \dfrac{1}{2}c \cdot f$      B. $\lambda = c/f$      C. $c = 2\lambda \cdot f$      D. $f = c \cdot \lambda$

**2. 简答题**

（1）超声波检测利用了超声波的哪些特性？

（2）在超声波反射法检测中为什么要使用脉冲波？

（3）影响超声波在介质中传播速度的因素有哪些？

（4）超声波在传播过程中衰减的原因是什么？

（5）什么是超声波的指向性？指向性与哪些因素有关？

**3. 计算题**

（1）图 6-14 所示为利用超声波测量流体流速、流量的原理图。设超声波在静止流体中的流速为 $c$。

① 简要分析其工作原理。

② 求流体的流速 $v$。

③ 求流体的流量 $q$。

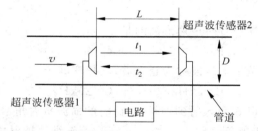

图 6-14    超声波传感器测量流速、流量原理示意图

（2）金属铝中的纵波声速为 6300m/s，横波声速为 3100m/s，试计算 1MHz 的超声波在铝中的纵波、横波波长。

（3）高速公路上使用超声波测速仪监测车辆速度及加速度。若超声波测速仪在与车辆相距 355m 时发出超声波，同时车辆紧急制动，当测速仪接收到反射回来的超声波信号时，车辆恰好停止，此时车辆距离测速仪为 335m，假定空气中声速为 340m/s。

① 计算汽车制动过程中的加速度。

② 计算制动前汽车的行驶速度。

# 视频传感器系统及应用

## 7.1 基 本 概 念

**1. 像素**

组成图像或视频的基本单元是像素。像素有彩色像素和黑白像素之分。

**2. 彩色和黑白图片及视频的区别**

(1) 黑白图片及视频中的像素只有灰度的强弱信息,而彩色图片及视频像素里有红、绿、蓝三种颜色的强弱信息。

(2) 红、绿、蓝按照比例可以配置出任何一种颜色,因此彩色图片信息的复杂度为黑白图片的 3 倍。

(3) 通常使用 0~255 来表示一种颜色的强弱,在二进制下,单种颜色或灰度的强弱可以由一个 8 位数来表示。因为只表示黑白灰度的强弱,故黑白图片及视频由 8 位像素组成;彩色图片或视频由 24 位像素组成,其中红、绿、蓝三色分别由一个 8 位二进制数来表示颜色的强弱,即红色 8 位,绿色 8 位,蓝色 8 位,共计 24 位。

**3. 像素的概念**

一般图片的像素组成是一个二维矩阵,这个二维矩阵中元素的个数就是其含有像素的多少。800 万像素就代表这张图片的二维矩阵中约有 800 万个元素。大部分相机的长宽比值为 3∶4,因此 800 万像素的相片约等于由 2450×3266 像素组成的图片。

**4. 相机工作原理**

(1) MOS 电容器。在 P 型或 N 型单晶硅的衬底上用氧化的方法生成一层厚度约 100~150nm 的 $SiO_2$ 绝缘层,再在 $SiO_2$ 表层蒸镀一层金属电极或多晶硅电极,在衬底和电极间加一个偏置电压(栅极电压),即形成一个 MOS(Metal Oxide Semiconductor,金属氧化物半导体)电

相机 CCED 信号
转换过程展示

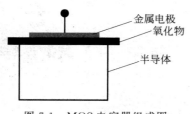

图 7-1　MOS 电容器组成图

容器。MOS 电容器是组成 CCD 元器件的基本单位。MOS 电容器组成如图 7-1 所示。

（2）CCD（Charge Coupled Device，电荷耦合元器件）是由一系列排列紧密的 MOS 电容器组成，其中每一个 MOS 电容器就是一个光敏像素元。

（3）CCD 成像。当一束光投射到 MOS 电容器上时，光子透过金属电极和氧化层进入 SiC 衬底，衬底每吸收一个光子就产生一个电子空穴对，从而产生电信号。

CCD 成像即是利用 MOS 电容器光电转换功能，将透色到 CCD 上的光学图像转换为电信号图像，其电荷量与对应位置的照度大致成正比。通过大小不等的电荷分布，即形成一定强弱度的电荷图像。

综上所述，CCD 元器件其实就是一种将光转换成电压信号的传感器，也是将光图像转换成电图像的元器件。

**5. 相机成像系统信号转换过程**

相机由镜头、CCD 元器件、AD 转换元器件、DSP 处理器、数据存储器组成。彩色相机图像信号形成过程见图 7-2。

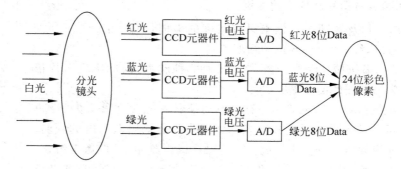

图 7-2　彩色相机像素成像过程

像素是形成图像和视频的基本元素，相机产生像素的过程即产生相片和视频的过程。

图像识别
过程展示

**6. 图像或视频信号处理基本算法**

1）视频图像信号的二值化处理。

（1）二值化处理一般用于对黑白图片进行处理，如果是彩色图片则需要先转换成黑白图片再进行二值化。

（2）二值化就是让黑白图片二维矩阵中的每一个元素（像素）的值变成只在 0 和 1 之间取值，故名二值化。

（3）由于黑白图片的每一个像素都是 8 位元素，因此其灰度值是在 0～255 之间。在二值化处理过程中，需要设置阈值，大于这个阈值则为 1，小于这个阈值则为 0。这就是二值化处理的实质。

（4）二值化处理是视频图片信号分析中的一种基础处理方法。

2）视频图像信号的膨胀和腐蚀处理

（1）膨胀就是在图片白色粒子的周边增加一层白色像素；腐蚀就是在白色粒子的周边减少一层像素。

（2）膨胀腐蚀算法有以下作用。

① 排除粒子周边小颗粒的干扰。图片周边往往存在一些小颗粒的干扰源，经过膨胀和腐蚀处理之后，这些干扰源得以排除。

② 可以让多个物体在图像中连在一起的粒子分离成多个粒子，从而能够分别进行准确定位。

③ 可以使一个物体在图像中成像的多个粒子连接成一个粒子用于定位。例如，一颗螺钉的图像，如果需要定位整颗螺钉中心的像素坐标，直接使用粒子分析，算法会将粒子的中心分别单独返回，用户难以使用这些坐标进行后续计算，因此需要将这些离散的粒子合成一个大粒子，然后再对其进行粒子分析，从而求出螺钉中心像素的坐标。

3）视频图像信号处理的一些应用算法

常见的应用算法包括寻边、寻圆、匹配、OCR 识别、二维码识别、分类、测量等。LabVIEW 等软件中有许多库函数，读者也可以自行通过编程实现。

## 7.2　应用项目

### 项目：二维码识别应用

二维码自动
识别过程

二维码又称二维条码，常见的二维码为 QR Code，QR 全称 Quick Response，是一种近年在移动设备上流行的编码方式。它比传统的 Bar Code 条形码存储的信息更多，也能表示更多的数据类型。二维码是用特定的几何图形按一定规律在平面（二维方向）上分布黑白相间的图形，用于记录数据符号信息；在代码编制上巧妙地利用构成计算机内部逻辑基础的 0、1 比特流的概念，使用若干个与二进制相对应的几何形体来表示文字的数值信息，通过图像输入设备或光电扫描设备自动识读以实现信息的自动处理。它具有条码技术的一些共性，即每种码制有其特定的字符集；每个字符占有一定的宽度；具有一定的校验功能等。同时还具有对不同行的信息自动识别、处理图形等功能。二维码是一种比一维码更高级的条码格式。一维码只能在一个方向（一般是水平方向）表达信息，而二维码在水平和垂直方向都可以存储信息。一维码只能由数字和字母组成，而二维码能存储汉字、数字和图片等信息，因此二维码的应用领域更为广泛。

1）项目任务

识别二维码信息。

2）项目要求

（1）熟悉和掌握黑白图片和彩色图片像素的知识。

（2）熟悉和掌握二维码生成和识别知识。

（3）熟悉和掌握 NI Vision Builder 操作编程知识。

（4）熟悉和掌握二维码识别的步骤和每一步骤的含义。

3）项目提示

二维码的识别过程包括以下步骤。

（1）二维码拍照。

（2）将二维码的彩色照片转换成黑白照片。

（3）对黑白照片进行腐蚀处理，使二维码的黑白照片变成一个全黑的方块图，方便对二维码进行定位和建立二维码像素的坐标系。

（4）对二维码定位。

（5）建立二维码的像素坐标系。

（6）调用二维码的信息库，与二维码的信息进行比对，从而识别二维码的信息。

（7）设置显示二维码信息的界面格式。

**【思政讲堂】**　世界是丰富多彩的，只有抓住事物的本质才能对真相有深刻的认识。以彩色照片和黑色照片为例，彩色照片的信息量远大于黑白照片，但是对于图像处理来说，照片的关键信息都存储在黑白照片中，这就是我们在图像处理时需要将彩色照片处理成黑白照片的原因。遵循先放大特征，抓主要矛盾的思想，对黑白照片进行二值化处理，才能进一步降低信号处理的难度和成本。

# 思　考　题

（1）二维码是如何定位需要识别的二维码的？大概会用到哪些定位算法？

（2）二维码识别和一般的 OCR 识别在步骤上有什么不同？

（3）为什么在图像识别时，要先将彩色照片转换成黑白照片？

# 习　　题

**1. 选择题**

（1）黑白相片的像素是_____位像素，彩色相片的像素是_____位像素。

　　A. 8 位　　　　　　B. 16 位　　　　　　C. 24 位　　　　　　D. 32 位

（2）CCD 元器件的作用是将_____转换成_____。

　　A. 数字信号　　　　B. 电压模拟信号　　C. 光强度信号　　　D. 颜色信号

（3）照相机拍照形成彩色照片是利用了_____种单色光形成图像。

　　A. 2　　　　　　　　B. 3　　　　　　　　C. 4　　　　　　　　D. 7

**2. 简答题**

（1）请叙述相机拍摄彩色照片的信号数据转换过程。

（2）请说明黑白图片和彩色图片像素的区别。

（3）请说明二维码表达信息的原理。

（4）请说明二维码识别的过程及涉及的各种相关算法。

（5）请设计一个二维码识别的应用场景，并说明二维码识别应重点解决哪些问题。

（6）请结合二维码的识别原理和识别过程，谈谈对人脸识别的认识和在步骤上与二维码识别的最大区别。

# 第二部分　控制技术

# 控 制 系 统

## 8.1　基 本 概 念

**1. 系统**

系统即由各相关组成部分按一定的规则组合在一起，完成一定功能的一种组合。

**2. 控制系统**

控制系统是使被控对象按给定目标运行的系统。

1）控制系统组成框图

控制系统组成框图如图 8-1 所示。

图 8-1　控制系统组成框图

2）控制系统组成

从控制系统组成框图可以看出，控制系统一般包括控制器、执行器、被控对象、检测反馈装置。

3）控制系统的控制过程

给定目标 $X$，与系统输出的反馈信号 $Y$ 相比较，得到偏差信号 $e = X - Y$。控制器根据输入的系统偏差信号 $e$，由控制算法算出控制信号 $u$，执行器根据控制信号 $u$ 给出执行信号，对被控对象进行调节，使被控对象的输出信号 $Y$ 更接近输入目标信号 $X$，缩小系统的偏差信号 $e$。

由控制过程可以看出，控制过程就是一个不断纠正偏差的过程。

**3. 开环控制和闭环控制**

一个控制系统中，如果没有反馈，这个控制系统就是开环控制系统；

控制系统
组成

如果有反馈,该控制系统就是闭环控制系统。由以上定义可知,如图 8-1 所示是一个闭环控制系统。

### 4. 正反馈和负反馈

如果输出的反馈信号与给定的目标信号相减(见图 8-1, $e = X - Y$),则该反馈是负反馈,系统就是负反馈控制系统。

如果输出的反馈信号与给定的目标信号相加(即 $e = X + Y$),则反馈是正反馈,系统就是正反馈系统。

控制系统动态性能指标

实际工作中的自动化系统,基本都是负反馈系统。正反馈系统会导致偏差越来越大,最后使系统崩溃(或爆炸)。

### 5. 控制系统动态性能指标

在输入阶跃信号输入后,从被控对象的输出信号的变化过程可以分析出控制系统的性能。

一般控制系统的动态性能指标包括以下几个。

1) 超调量

在 $Y(\infty)$ (系统输出的最终稳态值)不等于给定值时,超调量 $\sigma = \left[ \dfrac{A - Y(\infty)}{Y(\infty)} \right] \times 100\%$。超调量以高出稳态值的百分比来衡量,其大小由第一个最大的波峰 A 决定(见图 8-2)。超调量越大,系统的输出负荷越大。在控制系统的调节中,应该避免过大的超调量出现。

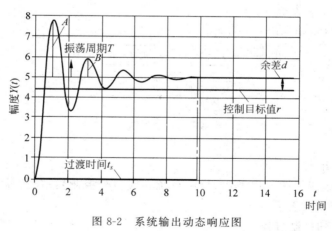

图 8-2　系统输出动态响应图

2) 衰减比

如果自动化系统是稳定的,该系统的输出会出现衰减振荡。衰减比就是系统输出后一个波峰与前一个波峰的比值,即 $\beta = \dfrac{B}{A}$ (见图 8-2)。衰减比是表示系统输出振荡衰减速度的一个指标,一般取 $\beta = 1/4$ 比较适宜。

3) 过渡时间

系统从开始调节到系统达到稳定状态所需要的时间为过渡时间,用 $t_s$ 表示,见

图 8-2。

4）振荡频率

对于特定的系统，其振荡频率是由系统本身决定的。系统输出的振荡频率 $\omega = \dfrac{1}{T}$，其中 $T$ 为系统输出的振荡周期，见图 8-2。

5）余差

系统余差为系统的稳态值与控制目标的差值，如图 8-2 中的 $d = Y(\infty) - r$。

6）系统在阶跃输入下的输出响应

幅值为 $R$ 的阶跃输入时间函数如图 8-3 所示。

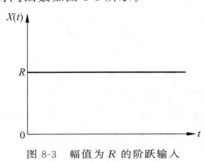

图 8-3　幅值为 $R$ 的阶跃输入

# 8.2　应用项目

## 项目：空调控制系统组成分析

1）项目任务

（1）控制系统各个组成部分分析。

（2）画出空调控制系统组成框图。

（3）描述控制系统的信号转换过程。

2）项目要求

（1）画出整个控制系统框图，并确定每个组成部分是什么装置。

（2）确定系统中的每个组成部分的输入、输出信号。

（3）分析开环系统和闭环系统的组成差异。

（4）分析正反馈系统和负反馈系统的差异。

3）项目提示

空调控制系统框图如图 8-4 所示。

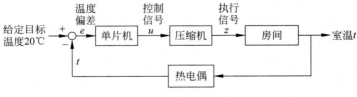

图 8-4　空调控制系统框图

**【思政讲堂】** 控制是一门工程技术,也可以看作是方法论。将控制系统的思想用到生活和工作中,往往能紧紧抓住目标,提高工作效率。

# 思 考 题

(1) 控制器除了可以采用单片机外,还可以使用什么装置?检测反馈装置除了用热电偶外,还可以采用什么装置?

(2) 控制器有什么特性?

(3) 以电梯为被控对象,简要分析其控制系统组成及信号转换过程。

# 习 题

## 1. 选择题

(1) 控制系统的组成中,负责计算和决策的是_____,负责检测输出状态的是_____,负责调整系统输出状态参数的是_____,输出参数是_____的状态输出参数。

       A. 检测反馈装置      B. 控制器      C. 执行器      D. 被控对象

(2) 如果把人当作一个控制系统,则在行走这样一个过程中,作为控制器的是_____,作为检测反馈装置的是_____,作为执行器的是_____,被控对象是_____。

       A. 脚      B. 人体      C. 眼睛      D. 大脑

(3) 系统的动态响应中,表示系统输出的最大波峰用_____表示,表示系统振荡频率用_____表示,表示系统振荡幅值变化用_____表示,表示系统稳定后存在的偏差值用_____表示。

       A. 超调量      B. 衰减比      C. 余差      D. 振荡频率

## 2. 简答题

(1) 试用方框图表示电梯控制系统的组成,并描述电梯控制系统的控制过程。

(2) 一般的电器损坏大多发生在开机瞬间,请结合控制系统相关知识解释这一现象。

# 传 递 函 数

## 9.1 基 本 概 念

### 1. 拉普拉斯(Laplace)变换及其逆变换

拉普拉斯变换又称拉氏变换。一个定义在区间$[0,\infty)$的函数$f(t)$，它的拉普拉斯变换式$F(S)$定义为

$$F(S)=\int_0^\infty f(t)\mathrm{e}^{-st}\,\mathrm{d}t$$

简记为

$$F(S)=L[f(t)]$$

拉普拉斯逆变换的公式为

$$f(t)=\frac{1}{2\pi j}\int_{\beta-j\infty}^{\beta+j\infty}F(S)\mathrm{e}^{st}\,\mathrm{d}S$$

简记为

$$f(t)=L^{-1}[F(S)]$$

拉普拉斯变换和逆变换是自动化领域中经常用到的传递函数的数学基础,计算比较复杂,但实际上往往并不需要进行具体的拉普拉斯变换和逆变换计算,而只需要通过查表直接得到变换的计算结果即可。

### 2. 控制系统的输入输出信号计算

在工业生产或日常生活中,经常会遇到输入一个信号获得一个输出信号的情况。图 9-1 所示为一个系统输入输出模型。$f(t)$为系统的数学模型函数。

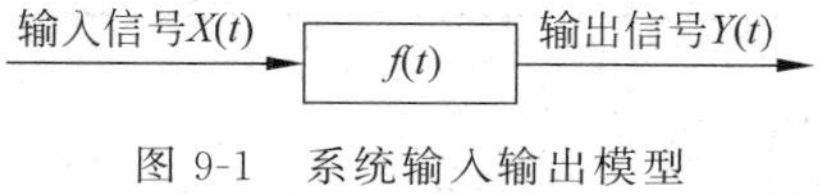

输入信号$X(t)$ → [ $f(t)$ ] → 输出信号$Y(t)$

图 9-1　系统输入输出模型

图 9-11 所示系统的输出可以通过卷积计算获得:

$$Y(t) = \int_{\infty}^{\infty} f(t-\tau) X(\tau) \mathrm{d}\tau$$

可以看出,系统的输出为输入函数与系统数学模型的卷积计算结果。

卷积计算为积分计算,其计算非常复杂。在自动化技术的发展历程中,需要为系统输出的计算找到简化的方法。自动化系统输出响应的简化计算,实际上就是通过拉普拉斯变换和其逆变换得到的。

**3. 拉式变换及逆变换计算**

1)常用函数变换及逆变换

常用拉式变换和逆变换转换对应表如表 9-1 所示。

表 9-1　常用拉式变换和逆变换转换对应表

| 序号 | 拉式变换 | 时间函数 |
|------|----------|----------|
| 1 | $1$ | $\delta(t)$ |
| 2 | $\dfrac{1}{S}$ | $1(t)$ |
| 3 | $\dfrac{1}{S+a}$ | $\mathrm{e}^{-at}$ |
| 4 | $\dfrac{\omega}{S^2+\omega^2}$ | $\sin \omega t$ |
| 5 | $\dfrac{S}{S^2+\omega^2}$ | $\cos \omega t$ |

2)拉式变换计算的基本性质

拉式变换计算的基本性质如表 9-2 所示。

表 9-2　拉式变换计算的基本性质

| 1 | 线性定理 | 齐次性 | $L[af(t)] = aF(S)$ |
|---|----------|--------|--------------------|
| 1 | 线性定理 | 叠加性 | $L[f_1(t) \pm f_2(t)] = F_1(S) \pm F_2(S)$ |
| 2 | 微分定理 | 一般形式 | $L\left[\dfrac{\mathrm{d}f(t)}{\mathrm{d}t}\right] = SF(S) - f(0)$ |
| 2 | 微分定理 | 初始条件为 0 时 | $L\left[\dfrac{\mathrm{d}f(t)}{\mathrm{d}t}\right] = SF(S)$ |
| 3 | 积分定理 | 一般形式 | $L\left[\int f(t)\mathrm{d}t\right] = \dfrac{F(S)}{S} + \dfrac{\left[\int f(t)\mathrm{d}t\right]_{t=0}}{S}$ |
| 3 | 积分定理 | 初始条件为 0 时 | $L\left[\int f(t)\mathrm{d}t\right] = \dfrac{F(S)}{S}$ |

3)拉式变换及逆变换计算举例

(1)已知微分方程 $Y(t) = \dfrac{\mathrm{d}^2 X(t)}{\mathrm{d}t^2} + 3\dfrac{\mathrm{d}X(t)}{\mathrm{d}t} + 2X(t) + \int X(t)\mathrm{d}t$,且 $X(0)=0, Y(0)=0$。求该微分方程的拉式变换。

**解**：由于 $L\left[\dfrac{\mathrm{d}f(t)}{\mathrm{d}t}\right]=SF(S)$，则有：

$$L\left[\frac{\mathrm{d}^2X(t)}{\mathrm{d}t^2}\right]=S^2X(S)$$

由于 $L[af(t)]=aF(S)$，则有：

$$L\left[3\frac{\mathrm{d}X(t)}{\mathrm{d}t}\right]=3SX(S)$$

且 $L\left[\displaystyle\int f(t)\mathrm{d}t\right]=\dfrac{F(S)}{S}$，则有：

$$L\left[\int X(t)\mathrm{d}t\right]=\frac{X(S)}{S}$$

显然，$\qquad L[Y(t)]=Y(S),\quad L[2X(t)]=2X(S)$

根据拉式变换的叠加性，则有：

$$L[Y(t)]=L\left[\frac{\mathrm{d}^2X(t)}{\mathrm{d}t^2}\right]+L\left[3\frac{\mathrm{d}X(t)}{\mathrm{d}t}\right]+L[2X(t)]+L\left[\int X(t)\mathrm{d}t\right]$$

即得：

$$Y(S)=S^2X(S)+3SX(S)+2X(S)+\frac{X(S)}{S}$$

（2）已知 $Y(S)=\dfrac{1}{S^2+3S+2}$，求 $Y(t)$。

**解**：求解拉式变换的逆变换，一定要通过拉式变换和逆变换的转换表完成。根据拉式变换的逆变换表，需要将拉式函数分解成拉式变换与逆变换表已有的式子，然后查表获得结果。

将式子进行分解得：

$$Y(S)=\frac{1}{S^2+3S+2}=\frac{1}{(S+2)(S+1)}=\frac{1}{S+1}-\frac{1}{S+2}$$

通过查表可知

$$L^{-1}\left[\frac{1}{S+1}\right]=\mathrm{e}^{-t},\quad L^{-1}\left[\frac{1}{S+2}\right]=\mathrm{e}^{-2t}$$

因此得到

$$Y(t)=L^{-1}[Y(S)]=\mathrm{e}^{-t}-\mathrm{e}^{-2t}$$

### 4. 系统的传递函数

系统输入输出拉式变换系统框图如图 9-2 所示。

图中，$X(S)$ 和 $Y(S)$ 分别是 $X(t)$ 和 $Y(t)$ 的拉式变换式，即 $X(S)=L[X(t)]$，$Y(S)=L[Y(t)]$，则有：$Y(S)=F(S)\times X(S)$。

系统的传递函数

可以看出，系统的输出拉式函数由输入的拉式函数和系统的数学模型的拉式函数相乘得到，避免了时间域函数的卷积计算。其中 $F(S)=\dfrac{Y(S)}{X(S)}$ 为系统的传递函数。

图 9-2　系统输入输出拉式变换

传递函数实际上是系统时域函数的拉式变换函数,可以通过系统输出拉式函数与输入拉式函数之比得到。

工业生产和生活中的系统有的复杂,有的相对简单。体现在传递函数上,有的是一阶,有的是二阶,有的是高阶。

1) 一阶传递函数

一阶传递函数的标准表达式为 $G(S) = \dfrac{K}{TS+1}$,式中,$K$、$T$ 为常数,$K$ 为系统静态放大系数,$T$ 为系统时间常数。由于 $S$ 的指数为一次,因此 $G(S)$ 为一阶传递函数。

二阶传递
函数

多阶传递函数的
简化思路

2) 二阶传递函数

二阶传递函数的标准表达式为:$G(S) = \dfrac{K}{S^2 + 2\xi\omega_n S + \omega_n^2}$,式中,$K$、$\xi$、$\omega_n$ 为常数,$K$ 为系统静态放大系数,$\xi$ 为系统阻尼系数,$\omega_n$ 为系统自然振荡频率。由于 $S$ 的指数为二次,因此 $G(S)$ 为二阶传递函数。

二阶传递函数在传递函数的分析中非常重要。一般的控制对象都可以看作二阶传递函数,而二阶传递函数的动态特性由其关键参数决定。

具体来说,当阻尼系数 $\xi < 0$ 时,系统不稳定,动态过程表现为发散状态;当阻尼系数 $0 < \xi < 1$ 时,系统稳定,动态过程表现为衰减振荡;当阻尼系数 $\xi > 1$ 时,系统稳定,动态过程表现为缓慢变换至稳定状态。

3) 高阶传递函数

当传递函数分母中 $S$ 的次数 $> 2$ 时,则传递函数为高阶传递函数。

高阶传递函数的标准表达式为 $G(S) = \dfrac{K}{S^n + a_{n-1}S^{n-1} + \cdots + a_1 S + a_0}$。式中,$K$、$a$ 为常数。

一般情况下可以将高阶传递函数简化为二阶传递函数,从而大大简化了系统分析的难度,而其动态性能则基本保持不变。

# 9.2　应 用 项 目

## 项目:利用拉式变换(拉普拉斯变换)和逆变换计算系统的输出响应

1) 项目任务

通过拉式变换和逆变换计算系统的输出响应。

（1）系统输入。单位阶跃输入函数如图 9-3 所示。

（2）系统数学模型。

$$Y(t) = \frac{d^2 X(t)}{dt^2} + 3\frac{dX(t)}{dt} + 2X(t)$$

对上式进行拉式变换后得：

$$Y(S) = S^2 X(S) + 3SX(S) + 2X(S)$$

整理后得：

$$\frac{Y(S)}{X(S)} = \frac{1}{S^2 + 3S + 2}$$

图 9-3　单位阶跃输入函数

系统输入输出框图如图 9-4 所示。

将输入输出函数和系统数学模型进行拉式变换得到 $S$ 域的系统输入输出框图，如图 9-5 所示。

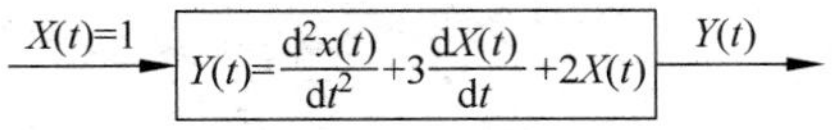

$$X(t)=1 \rightarrow \boxed{Y(t) = \frac{d^2 x(t)}{dt^2} + 3\frac{dX(t)}{dt} + 2X(t)} \rightarrow Y(t)$$

图 9-4　系统输入输出框图

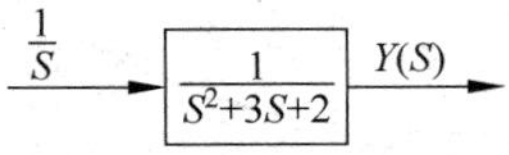

$$\frac{1}{S} \rightarrow \boxed{\frac{1}{S^2 + 3S + 2}} \rightarrow Y(S)$$

图 9-5　S 域系统输入输出框图

$$Y(S) = \frac{1}{S^2 + 3S + 2} \times \frac{1}{S}$$

$$= \frac{1}{(S+1)(S+2)} \times \frac{1}{S}$$

$$= \left(\frac{1}{S+1} - \frac{1}{S+2}\right) \times \frac{1}{S}$$

$$= \frac{1}{S+1} \times \frac{1}{S} - \frac{1}{S+2} \times \frac{1}{S}$$

$$= \frac{1}{S} - \frac{1}{S+1} - \frac{1}{2} \times \frac{1}{S} + \frac{1}{2} \times \frac{1}{S+2}$$

$$= \frac{1}{2} \times \frac{1}{S} - \frac{1}{S+1} + \frac{1}{2} \times \frac{1}{S+2}$$

对上式进行拉式逆变换，查表可得

$$Y(t) = \frac{1}{2} - e^{-t} + \frac{1}{2}e^{-2t}$$

2）关键参数对二阶系统在阶跃输入下的响应产生的影响

假设系统的二阶传递函数：$G(S) = \dfrac{K}{S^2 + 2\xi\omega_n S + \omega_n^2}$，

系统的输入为单位阶跃信号，参见图 9-3 所示。

（1）$\xi < 0$，系统不稳定，输出发散，$G(S) = \dfrac{1}{S^2 - 3.6S + 9}$，如图 9-6 所示。

（2）$\xi = 0$，$K = 1$，系统临界稳定，输出临界振荡，$G(S) = \dfrac{1}{S^2 + 9}$，如图 9-7 所示。

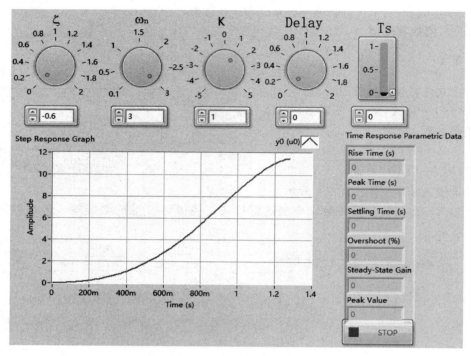

图 9-6　系统输出发散

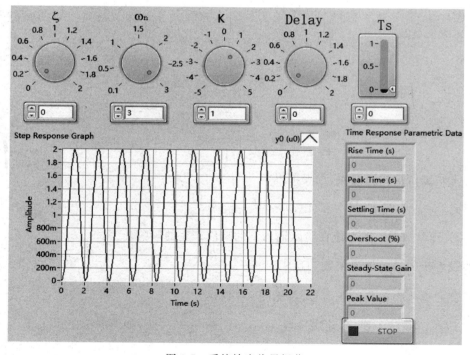

图 9-7　系统输出临界振荡

（3）$\xi=0.2,K=1$，系统稳定，输出衰减振荡，$G(S)=\dfrac{1}{S^2+1.2S+9}$，如图 9-8 所示。

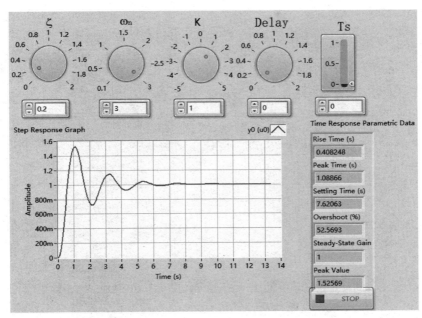

图 9-8　系统输出衰减振荡（$\xi=0.2,K=1$）

（4）$\xi=0.2,K=2,\omega_n=3$，系统稳定，输出衰减振荡，$G(S)=\dfrac{2}{S^2+1.2S+9}$，如图 9-9 所示。

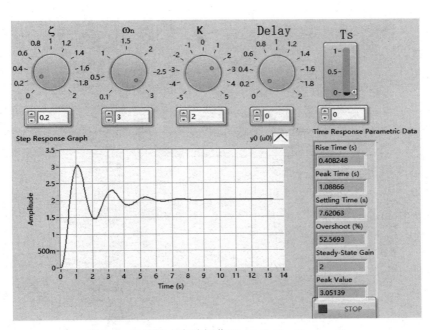

图 9-9　系统输出衰减振荡（$\xi=0.2,K=2,\omega_n=3$）

（5）$\xi=0.2,K=1,\omega_n=1$，系统稳定，系统输出衰减振荡，$G(S)=\dfrac{1}{S^2+0.4S+1}$，如图 9-10 所示。

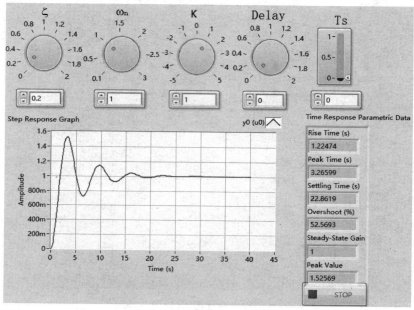

图 9-10　系统输出衰减振荡（$\xi=0.2,K=1,\omega_n=1$）

（6）$\xi=1,K=1,\omega_n=1$，系统稳定，系统变换至稳定状态，$G(S)=\dfrac{1}{S^2+2S+1}$，如图 9-11 所示。

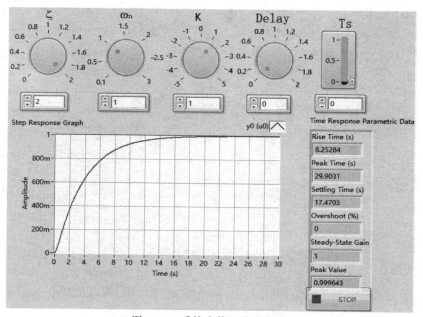

图 9-11　系统变换至稳定状态

从上述的仿真图像可以得出以下结论。

① 阻尼系数 $\xi<0$：系统不稳定,输出发散;

② 阻尼系数 $\xi=0$：系统临界振荡,输出等幅正弦波;

③ 阻尼系数 $0<\xi<1$：系统稳定,输出衰减振荡;

④ 阻尼系数 $\xi>1$：系统过阻尼,输出稳定。

$K$ 是将系统放大系数,系统处于稳态时,输出信号对输入信号的倍数。

$\omega_n$ 是系统自然振荡频率,自然振荡频率越大,实际振荡频率也越大。

**【思政讲堂】** 变换在数学和控制科学中占有重要的地位。在生活中,也存在通过变换简化社会系统的情况。只要善于分析和总结,自然科学的很多理论可以用于社会实践。

# 思 考 题

（1）用传递函数表示控制系统的目的是什么?

（2）传递函数的数学基础是什么?

# 习 题

**1. 选择题**

（1）控制系统对象的数学模型一般都是用时域的_____表示,但由于在时域里根据系统输入和系统模型来计算系统输出,需要通过_____计算得到,计算十分复杂,因此引入_____表示控制对象的模型。这样做的好处是_____的积分,可以用_____的相除来代替,_____的微分,可以用_____的相乘来代替。

A. 微分方程　　　　B. 传递函数　　　　C. 卷积

D. 时域函数　　　　E. S 域传递函数与 S 算子

（2）一阶传递函数有_____个关键参数,_____表示传递函数的静态,_____表示传递函数的时间;二阶传递函数有_____个关键参数,_____表示传递函数静态,_____表示传递函数振荡频度,_____表示振荡幅度变化。

A. 放大系数 $K$　　B. 自然振荡频率　　C. 过程时间 $T$　　D. 阻尼系数

E. 1　　　　　　　F. 2　　　　　　　G. 3

（3）一个二阶系统,当其阻尼系数_____时,系统呈现_____状态,此时其振荡频率_____自然振荡频率;当其阻尼系数_____时,系统呈现_____状态,此时其振荡频率_____自然振荡频率,系统最终呈现衰减状态;当其阻尼系数_____时,系统呈现_____状态。

A. 等于 0　　　　B. 大于 0　　　　C. 小于 0　　　　D. 临界振荡

E. 发散　　　　　F. 等于　　　　　G. 小于　　　　　H. 大于

**2. 简答题**

（1）请说明通过传递函数简化计算控制系统输出的步骤及过程。

（2）求出一阶系统 $\dfrac{\mathrm{d}y(t)}{\mathrm{d}t}+y(t)=x(t)$ 的传递函数，并计算静态放大系数和过程时间 $T$。当 $x(t)$ 为单位阶跃输入时，求出系统的输出 $y(t)$。

（3）求出二阶系统 $\dfrac{\mathrm{d}^2y(t)}{\mathrm{d}t}+\dfrac{\mathrm{d}y(t)}{\mathrm{d}t}=x(t)$ 的传递函数，并计算静态放大系数、自然振荡频率和阻尼系数值。当 $x(t)$ 为单位阶跃输入时，求出系统的输出 $y(t)$。

# PID 控制技术

## 10.1　基 本 概 念

**1. PID 控制算法**

PID 控制算法

在控制系统中,控制器里的控制算法是实现控制系统性能指标的关键。

PID 是比较传统的控制算法。目前企业及生活中大多数控制系统都采用 PID 算法。

PID 算法包含以下三种算法:①P(Proportional):比例算法;②I(Integral):积分算法;③D(Differential):微分算法。

在实际应用中,可以选择 PID 算法的类型包括 P(比例)算法、PI(比例积分)算法、PD(比例微分)算法、PID(比例积分微分)算法。

PID 算法的数学式为

$$u(t) = k_p e(t) + k_i \int_0^t e(t)\mathrm{d}t + k_d \frac{\mathrm{d}e(t)}{\mathrm{d}t}$$

式中,$u(t)$ 为控制器输出,$e(t)$ 为控制系统输出偏差,$k_p$、$k_i$、$k_d$ 分别为比例系数、积分系数、微分系数。

PID 算法常用表达式为

$$u(t) = k_p \left[ e(t) + \frac{1}{T_i} \int_0^t e(t)\mathrm{d}t + T_d \frac{\mathrm{d}e(t)}{\mathrm{d}t} \right]$$

式中,$u(t)$ 为控制器输出,$e(t)$ 为控制系统输出偏差,$k_p$、$T_i$、$T_d$ 分别为比例系数、积分常数、微分常数。$k_p$、$T_i$、$T_d$ 可以调整算法中的比例、积分、微分作用的大小。$k_p$、$T_d$ 数值越大,比例、微分作用越大,$T_i$ 数值越大,积分作用越小。

PID 算法的离散表达式为

$$u(k) = k_p \left\{ e(k) + \frac{1}{T_i} \sum_{j=0}^{k} e(j) + \frac{T_d}{T_s} [e(k) - e(k-1)] \right\}$$

式中，$T_s$ 为离散采样时间，$k$ 为第 $k$ 个采样时间。

从上述 PID 控制算法可以看出，算法的比例部分是对即时的偏差进行纠正；算法的积分部分是对过去的偏差进行纠正；算法的微分部分是对将来可以预见的偏差进行纠偏。

PID 算法的选择
及参数整定

**2. PID 算法的选择及参数整定**

1）PID 算法的选择

PID 算法选择类型如下。

（1）P 算法，纯比例算法。

（2）PI 算法，比例积分算法。

（3）PD 算法，比例微分算法。

（4）PID 算法，比例积分微分算法。

2）PID 算法的参数整定

（1）工程整定法。主要依赖工程经验，直接在控制系统的试验中进行，且方法简单、易于掌握，在工程实际中被广泛采用。

PID 控制器参数的工程整定法主要有临界比例法、反应曲线法和衰减法 3 种。

用临界比例法进行整定步骤如下。

① 预选择一个足够短的采样周期让系统工作。

② 仅加入比例控制环节，直到系统对输入的阶跃响应出现临界振荡，记录这时的比例放大系数和临界振荡周期。

③ 通过公式计算得到 PID 控制器的参数。

PID 参数的设定一般依靠经验并参考测量值跟踪与设定值曲线，从而调整 P、I、D 的大小。

对于 PID 控制器参数的工程整定，可参照以下 P、I、D 参数经验数据。

① 温度 T：$P=20\sim60\%$，$T=180\sim600s$，$D=3\sim180s$。

② 压力 P：$P=30\sim70\%$，$T=24\sim180s$。

③ 液位 L：$P=20\sim80\%$，$T=60\sim300s$。

④ 流量 Q：$P=40\sim100\%$，$T=6\sim60s$。

常用口诀如下。

参数整定找最佳，从小到大顺序查。

先是比例后积分，最后再把微分加。

曲线振荡很频繁，比例度盘要放大。

曲线漂浮绕大弯，比例度盘往小扳。

曲线偏离回复慢，积分时间往下降。

曲线波动周期长，积分时间再加长。

曲线振荡频率快，先把微分降下来。

动差大来波动慢，微分时间应加长。

理想曲线两个波，前高后低 4 比 1。

一看二调多分析，调节质量不会低。

（2）计算法。理论计算整定法，主要根据系统的数学模型，经过理论计算确定控制器参数。这种方法得到的计算数据不能直接使用，还必须通过工程实际进行调整和修改。

# 10.2  应用项目

## 项目 10-1：衰减振荡工程实验法

1）项目任务

整定出相关 PID 算法参数。

2）项目要求

（1）了解和掌握衰减振荡工程实验法的步骤。

（2）了解和掌握 PID 相关参数的计算方法。

3）项目提示

（1）输入信号。在进行整定实验时，对系统输入阶跃信号，如图 10-1 所示。

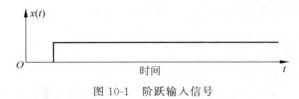

图 10-1  阶跃输入信号

（2）得到输出信号及相关参数，如图 10-2 所示。

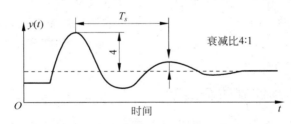

图 10-2  输出的衰减曲线及相关参数

（3）实验法思路。通过控制过程的比例度，称为 4:1 衰减比例度 $\delta_s$；两个波峰之间的时间距离，称为 4:1 衰减周期 $T_s$。衰减曲线法就是在纯比例作用的控制系统中，求衰减比例度 $\delta_s$ 和衰减周期 $T_s$，并根据这两个数据计算出调节器的参数 $s$、$T_i$ 和 $T_d$。

（4）实验法要点口诀。衰减整定好处多，操作安全又迅速；纯 P 降低比例度，找到衰减 4:1；按照公式来计算，PID 顺序加参数；观看运行细调整，直到找出最佳值。

（5）实验法步骤如下。

① 先把积分时间调到最大，微分时间调为零，使控制系统运行，比例度调至较大的适当值。"纯 P 降低比例度"就是使控制系统按纯比例作用的方式投入运行，然后慢慢减少比例度，观察调节器的输出及控制过程的波动情况，直到找出 4:1 的衰减过程为止，这一过程就是"找到衰减 4:1"。

② 对有些控制对象,用 4∶1 的衰减比感觉振荡过强时,可采用 10∶1 的衰减比。这时要测量衰减周期比较困难,可采取测量第一个波峰的上升时间 $T_r$,其操作步骤同上。

③ 根据衰减比例度 $s$ 和衰减周期 $T_s$、$T_r$(见表 10-1)进行计算,求出各参数值。

表 10-1　衰减曲线法调节器参数计算表

| 控制品质要求 | 控制规律 | 比例度 | 积分时间 | 微分时间 |
|---|---|---|---|---|
| 衰减比为 4∶1 | P | $\delta_s$ | | |
| | PI | $1.2\delta_s$ | $0.5T_s$ | |
| | PID | $0.8\delta_s$ | $0.3T_s$ | $0.1T_s$ |

注:① 表中 $\delta_s$ 为整定实验施行的比例度$\left(比例系数 K 的倒数 \delta_s=\dfrac{1}{K}\right)$。

② 表中的 $T_s$ 为实验中衰减曲线的时间周期。

④ 先将比例度放在一个比计算值大的数值上,然后加上积分时间 $T_i$,再慢慢加上微分时间 $T_d$。操作时一定要按"PID 顺序加参数",即先 P 然后 I 最后 D,不要破坏了这个顺序。

⑤ 把比例度降到计算值上,通过观察曲线,适当调整各参数。即"观看运行细调整",直到找出最佳值。

(6) 注意事项如下。

① 要得到衰减的过程,只有在系统平稳时,再加给定干扰,才能找出 4∶1 的衰减过程。否则,可能会受到外界干扰,而影响比例度和衰减周期数值的正确性。

② 加正干扰还是加负干扰,应根据工艺生产条件来确定。给定干扰的幅值,通常是取满量程的 2%～3%,在工艺允许的情况下,可以适当大一些。

③ 本方法对于变化较快的压力、流量、小容量的液位控制系统,在曲线上读出衰减比有一定的难度。由于工艺负荷的变化,也会影响到本方法的整定结果,因此,在负荷变化比较大的时候,需要重新整定。

## 项目 10-2:PID 控制仿真实验

设置一个水箱水位控制系统。被控对象是水箱,系统输出参数为水箱水位。PID 控制器参数可以根据需要调整。通过实验,了解 PID 相关参数与控制效果的关系。

1) 纯比例(P)控制

从仿真结果可以看出,比例系数越大,系统输出越不稳定,输出会出现剧烈波动;当比例系数调小时,系统调节稳定,输出变化平缓。说明纯比例控制的比例系数不能太大。

如图 10-3 所示的控制仿真效果中,$T_i=100\text{min}$,由于积分时间太长,所以积分基本不起作用。$K_c=50$,比例系数比较大,控制器输出出现大幅度波动,系统输出参数波动也较为强烈。

如图 10-4 所示的控制仿真效果中,$T_i=100\text{min}$,$K_c=5$,此时积分也基本不起作用。比例系数调小到 5,控制器输出平缓,系统输出参数也趋于平稳。

另外,由于积分基本不起作用,因此稳定后的系统输出与设定值始终存在余差。这也说明纯比例控制不能消除余差。

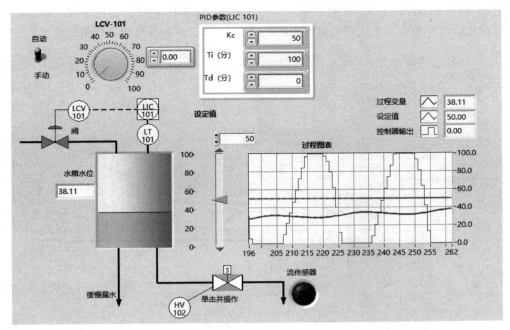

图 10-3 $K_c=50,T_i=100\text{min}$ 控制效果图

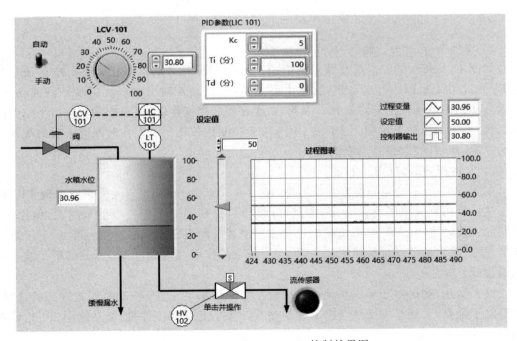

图 10-4 $K_c=5,T_i=100\text{min}$ 控制效果图

2）比例积分（PI）控制

如图 10-5 所示的控制仿真中，$T_i=0.5\text{min}$，$K_c=5$。此时积分时间已经调小，积分已起

作用,比例系数仍保持为5。此时控制器输出平缓,系统输出参数也变化平稳,而且系统输出与设定值最后重合。系统稳定后输出已经没有余差,说明积分作用可以消除余差。

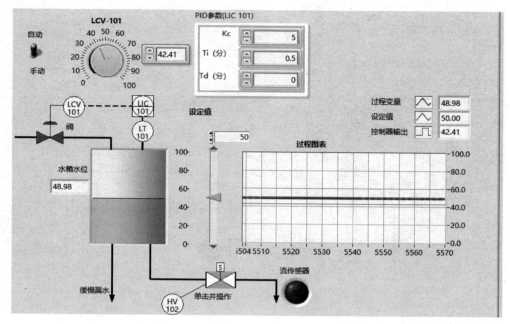

图 10-5    $K_c = 5$,$T_i = 0.5\text{min}$ 控制效果图

3) 比例微分(PD)控制

如图 10-6 所示的控制仿真效果图中,$T_i = 100\text{min}$,积分基本不起作用。$K$ 仍设定为5,$T_d = 5$,此时为 PD 控制。当系统输出有变换时,控制器输出出现大幅度剧烈波动,可知微分作用对系统输出非常敏感。因此,对于存在频繁变换,又要求控制较好且平稳的控制系统,不宜采取微分控制。实际工作中,微分控制比较适用于存在时间纯滞后的被控对象的控制,此时,控制余差不能消除。

4) 比例积分微分(PID)控制

如图 10-7 所示的控制仿真效果图中,$K_c = 5$,$T_i = 0.5\text{min}$,$T_d = 5$,系统采取 PID 控制。从控制仿真效果图可以看出,余差可以消除,控制器输出变换幅度虽然大,但比 PD 控制的变换频率小了很多,系统输出也一直围绕系统的设定值小幅波动。可见,有了微分环节,系统输出的波动虽然难以避免,但由于积分的作用,消除了余差,从而降低了波动的剧烈程度。

综上所述,如果对于要求系统输出比较稳定的控制系统,PI 控制是比较理想的选择,既消除了余差,又能平抑系统输出的波动幅度。实际上,在实际的控制系统中,PI 是最常采用的控制算法。

【思政讲堂】 PID 算法包含了对过去、现在、及将来可能产生的偏差进行及时纠正的思想,这种思想对于人们日常的工作和生活也非常有帮助。

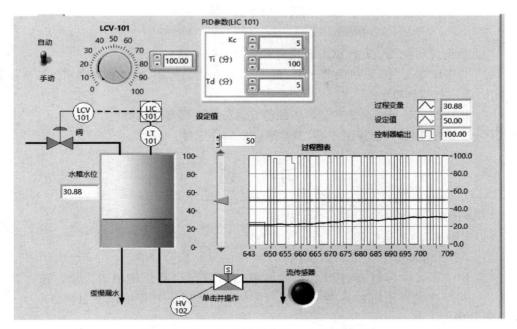

图 10-6　$K_c = 5, T_i = 100, T_d = 5$ 控制效果图

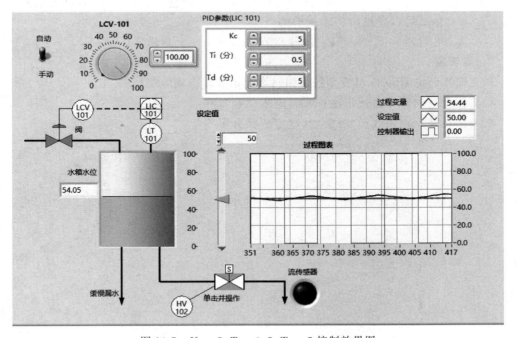

图 10-7　$K_c = 5, T_i = 0.5, T_d = 5$ 控制效果图

# 思　考　题

（1）如何理解比例、积分、微分算法对偏差的纠偏思路？

（2）在 PID 算法中，如何调节比例、积分、微分作用的大小，如果要提高相关算法部分的大小，参数如何调整？

（3）PID 整定临界振荡法和衰减曲线整定法分别有哪些优劣势？

（4）在离散 PID 控制算法中，采样时间应该如何选择？

# 习　　题

## 1. 选择题

（1）PID 算法中，P 代表_____，I 代表_____，D 代表_____。

　　A. 积分调节　　　　B. 比例调节　　　　C. 微分调节

（2）PID 算法中可以通过调节参数调节比例、积分、微分作用的大小。通过调节_____调节比例作用的大小，通过调节_____调节积分作用大小，通过调节_____调节微分作用大小。

　　A. 比例系数 $K$　　　B. 微分时间 $T_d$　　　C. 积分时间 $T_i$

（3）PID 算法中，_____是对即时（现在）偏差的调整，_____是对过去偏差的调整，_____是对可以预见的将来偏差的调整。

　　A. 比例调节　　　　B. 微分调节　　　　C. 积分调节

## 2. 简答题

（1）简要讨论 PID 各调节参数是如何影响系统动态响应指标的？

（2）什么是临界振荡整定法？其整定步骤有哪些？

（3）什么是衰减曲线整定法？其整定步骤有哪些？

# 控制系统设计及应用技术

## 11.1　基本概念

### 1. 控制系统设计

第十章介绍了控制算法 PID 参数的整定方法,这些方法在没有被控对象数学模型或传递函数的情况下,依靠工程实验法或经验凑试法,确定 PID 参数,进而确定控制算法。

但是,被控对象模型是可以通过系统辨识等方法获取的,在获得被控对象模型的情况下,可以通过计算或仿真软件完成控制系统的设计,从而实现优化的控制算法,以满足控制系统的过程动态性能指标要求。

基于被控对象模型的控制系统的设计过程如下。

(1)根据被控对象的控制要求,提出系统的控制性能指标。

(2)根据控制过程的要求,推出控制过程的约束条件。

(3)综合控制性能指标和控制过程约束条件,提出控制目标。

(4)根据控制目标和被控对象的类型,整定出控制器的控制算法类型及相关的控制参数。

### 2. 控制系统的动态性能指标

在控制过程中,系统输出是一个动态过程。整个动态过程的描述,可以通过图 11-1 所示的表征性能指标来表示,关键的指标有超调量和过渡时间 $t_s$。计算超调量公式为

$$超调量\ \sigma = \frac{A - Y(\infty)}{Y(\infty)} \times 100\%, \quad 衰减比\ \beta = \frac{B}{A}$$

### 3. 控制的约束条件

控制系统的设计,必须考虑系统的动态过程的性能指标约束以及控制输出量的约束。在控制被控对象时,需要设定一个控制目标。

### 4. 控制目标

根据控制系统的约束条件和被控对象的具体情况设置控制目标。

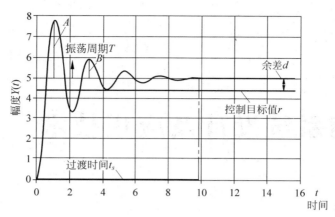

图 11-1  控制系统动态性能指标

控制目标的设置,一般有以下 4 种类型。

(1) $J = \min (t_f - t_0) = \min \int_{t_0}^{t_f} \mathrm{d}t$。

(2) $J = \min \int_{t_0}^{t_f} |u^2(t)| \, \mathrm{d}t$。

(3) $J = \min \int_{t_0}^{t_f} |e^2(t)| \, \mathrm{d}t$。

(4) $J = \min \left[ \theta e^2(t) + (1-\theta) \int_{t_0}^{t_f} u^2(t) \mathrm{d}t \right], 0 \leqslant \theta \leqslant 1$。

在上述四类控制目标函数中,$e(t)$ 为被控对象的偏差,$u(t)$ 为控制器的输出量。

类型 1 强调动态品质,期望对时间最优化,比如货船靠岸,在巨大负载能量消耗下,需要在时间最优情况下靠岸。

类型 2 强调稳态性能,期望从初态到终态有最低燃料消耗(控制消耗)。

类型 3 强调稳态系统控制的准确度,使控制系统具有最小的控制偏差。

类型 4,仔细分析其表达式可知,其同时包含类型 1、类型 2、类型 3,是目前使用最多的最优控制目标函数,常用于给定信号的追踪问题,如无人机、磁悬浮列车以及电网控制等应用领域。

可以看到,类型 4 由两部分组成,第一部分不包含时间,主要影响稳态性能,$\theta$ 是一个给定权重数,影响稳态误差的大小;第二部分包含时间(表示每一个时间节点都很重要),影响因素为控制量 $u(t)$,主要影响的是动态品质和稳态性能。显然,在有第一项的前提下,调节偏差权重系数 $\theta$ 相当于调节动态品质(快速性与时间有关);没有第一项时,相当于同时调节动态品质和稳态性能。

在调节参数时有一个重要的原则,即加权系数大的变量在最终优化后会较小,因此越注重哪个变量,就应该将其权值调大。

### 5. 优化控制算法

对于一个给定被控对象模型,根据实际的控制需要设定合适的控制目标,并拟合实际要求的约束条件,通过计算或仿真,可以确定满足控制目标和控制约束条件的控制算法。

# 11.2 应用项目

## 项目：二阶优化控制系统设计仿真实验

1）仿真实验系统框图

仿真实验系统框图如图 11-2 所示。

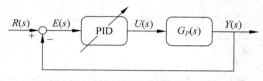

图 11-2 控制系统仿真示意框图

2）仿真软件

在 LabVIEW 软件中，依次选择帮助→范例查找→控制与仿真→仿真→优化控制选项，运行二阶 PID 优化设计系统。

3）项目任务

在给定二阶被控对象模型及控制约束的情况下，仿真整定出优化的 PID 控制算法。

4）项目要求

根据给定的二阶被控对象，设定控制系统的动态指标及约束条件，通过仿真计算出满足条件的 PID 优化算法。

5）项目提示

（1）通过二阶系统的关键参数，设计出合适的二阶被动对象模型。控制系统模型设计如图 11-3 所示。

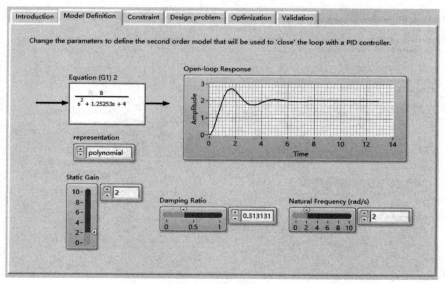

图 11-3 控制系统模型设计

（2）根据控制要求,给出控制系统动态性能指标要求及合适的控制约束条件。控制约束条件设定如图 11-4 所示。

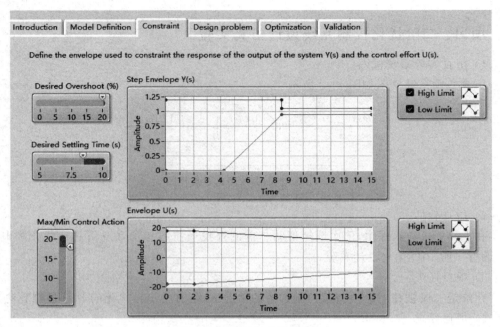

图 11-4　控制约束条件设定

（3）根据控制要求给出控制目标,选择 PID 控制算法类型（P、PI、PD 或 PID 选择）。控制目标函数及算法参数选择如图 11-5 所示。

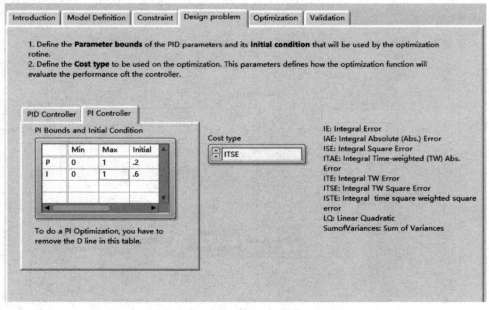

图 11-5　控制目标函数及算法参数选择

（4）根据步骤 1～3 给出的控制条件，进行仿真验证，看能否满足步骤 2 给出的动态性能指标要求及控制约束条件。如满足，则得到满足条件 PID 优化算法；如不满足，则回到步骤 1～3，对某些条件进行修改，直到选择到满足要求的 PID 控制算法。系统仿真验证运行设置如图 11-6 所示，运行结果验证如图 11-7 所示。

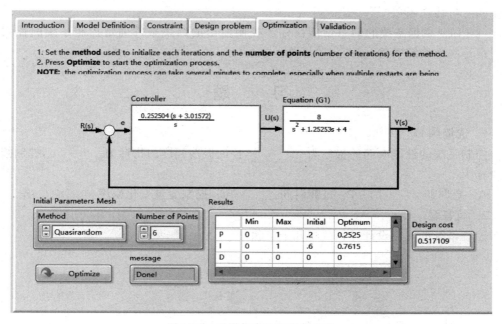

图 11-6　系统仿真验证运行设置

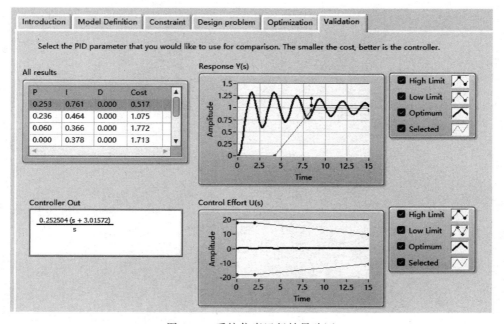

图 11-7　系统仿真运行结果验证

# 思 考 题

（1）如何根据二阶传递函数的欠阻尼系数、自然振荡频率和静态放大系数确定被控对象的二阶传递函数？

（2）如何根据系统的动态性能指标和控制输出的约束条件确定控制系统的控制目标？设计一个系统实验，验证相关思路。

# 习 题

**1. 选择题**

控制系统的性能时间的指标为_____，控制振荡幅度的指标为_____，控制能量的指标为_____。

A. 超调量　　　　　B. 过渡时间　　　　C. 控制变量变化幅度

**2. 简答题**

控制系统的优化设计过程分哪几个步骤？

# 镍铬-镍硅(镍铝)K型热电偶分度表
## (冷端温度为0℃)

热电偶电势(单位：mV)

| 温度/℃ | 0 | −1 | −2 | −3 | −4 | −5 | −6 | −7 | −8 | −9 | −10 |
|---|---|---|---|---|---|---|---|---|---|---|---|
| −270 | −6.458 | | | | | | | | | | |
| −260 | −6.441 | −6.444 | −6.446 | −6.448 | −6.450 | −6.452 | −6.453 | −6.455 | −6.456 | −6.457 | −6.458 |
| −250 | −6.404 | −6.408 | −6.413 | −6.417 | −6.421 | −6.425 | −6.429 | −6.432 | −6.435 | −6.438 | −6.441 |
| −240 | −6.344 | −6.351 | −6.358 | −6.364 | −6.370 | −6.377 | −6.382 | −6.388 | −6.393 | −6.399 | −6.404 |
| −230 | −6.262 | −6.271 | −6.280 | −6.289 | −6.297 | −6.306 | −6.314 | −6.322 | −6.329 | −6.337 | −6.344 |
| −220 | −6.158 | −6.170 | −6.181 | −6.192 | −6.202 | −6.213 | −6.223 | −6.233 | −6.243 | −6.252 | −6.262 |
| −210 | −6.035 | −6.048 | −6.061 | −6.074 | −6.087 | −6.099 | −6.111 | −6.123 | −6.135 | −6.147 | −6.158 |
| −200 | −5.891 | −5.907 | −5.922 | −5.936 | −5.951 | −5.965 | −5.980 | −5.994 | −6.007 | −6.021 | −6.035 |
| −190 | −5.730 | −5.747 | −5.763 | −5.780 | −5.797 | −5.813 | −5.829 | −5.845 | −5.861 | −5.876 | −5.891 |
| −180 | −5.550 | −5.569 | −5.588 | −5.606 | −5.624 | −5.642 | −5.660 | −5.678 | −5.695 | −5.713 | −5.730 |
| −170 | −5.354 | −5.374 | −5.395 | −5.415 | −5.435 | −5.454 | −5.474 | −5.493 | −5.512 | −5.531 | −5.550 |
| −160 | −5.141 | −5.163 | −5.185 | −5.207 | −5.228 | −5.250 | −5.271 | −5.292 | −5.313 | −5.333 | −5.354 |
| −150 | −4.913 | −4.936 | −4.960 | −4.983 | −5.006 | −5.029 | −5.052 | −5.074 | −5.097 | −5.119 | −5.141 |
| −140 | −4.669 | −4.694 | −4.719 | −4.744 | −4.768 | −4.793 | −4.817 | −4.841 | −4.865 | −4.889 | −4.913 |
| −130 | −4.411 | −4.437 | −4.463 | −4.490 | −4.516 | −4.542 | −4.567 | −4.593 | −4.618 | −4.644 | −4.669 |
| −120 | −4.138 | −4.166 | −4.194 | −4.221 | −4.249 | −4.276 | −4.303 | −4.330 | −4.357 | −4.384 | −4.411 |
| −110 | −3.852 | −3.882 | −3.911 | −3.939 | −3.968 | −3.997 | −4.025 | −4.054 | −4.082 | −4.110 | −4.138 |
| −100 | −3.554 | −3.584 | −3.614 | −3.645 | −3.675 | −3.705 | −3.734 | −3.764 | −3.794 | −3.823 | −3.852 |
| −90 | −3.243 | −3.274 | −3.306 | −3.337 | −3.368 | −3.400 | −3.431 | −3.462 | −3.492 | −3.523 | −3.554 |
| −80 | −2.920 | −2.953 | −2.986 | −3.018 | −3.050 | −3.083 | −3.115 | −3.147 | −3.179 | −3.211 | −3.243 |
| −70 | −2.587 | −2.620 | −2.654 | −2.688 | −2.721 | −2.755 | −2.788 | −2.821 | −2.854 | −2.887 | −2.920 |
| −60 | −2.243 | −2.278 | −2.312 | −2.347 | −2.382 | −2.416 | −2.450 | −2.485 | −2.519 | −2.553 | −2.587 |
| −50 | −1.889 | −1.925 | −1.961 | −1.996 | −2.032 | −2.067 | −2.103 | −2.138 | −2.173 | −2.208 | −2.243 |
| −40 | −1.527 | −1.564 | −1.600 | −1.637 | −1.673 | −1.709 | −1.745 | −1.782 | −1.818 | −1.854 | −1.889 |
| −30 | −1.156 | −1.194 | −1.231 | −1.268 | −1.305 | −1.343 | −1.380 | −1.417 | −1.453 | −1.490 | −1.527 |
| −20 | −0.778 | −0.816 | −0.854 | −0.892 | −0.930 | −0.968 | −1.006 | −1.043 | −1.081 | −1.119 | −1.156 |
| −10 | −0.392 | −0.431 | −0.470 | −0.508 | −0.547 | −0.586 | −0.624 | −0.663 | −0.701 | −0.739 | −0.778 |
| 0 | 0.000 | −0.039 | −0.079 | −0.118 | −0.157 | −0.197 | −0.236 | −0.275 | −0.314 | −0.353 | −0.392 |

| 温度<br>/℃ | 0 | 1 | 2 | 3 | 4 | 5 | 6 | 7 | 8 | 9 | 10 |
|---|---|---|---|---|---|---|---|---|---|---|---|
| 0 | 0.000 | 0.039 | 0.079 | 0.119 | 0.158 | 0.198 | 0.238 | 0.277 | 0.317 | 0.357 | 0.397 |
| 10 | 0.397 | 0.437 | 0.477 | 0.517 | 0.557 | 0.597 | 0.637 | 0.677 | 0.718 | 0.758 | 0.798 |
| 20 | 0.798 | 0.838 | 0.879 | 0.919 | 0.960 | 1.000 | 1.041 | 1.081 | 1.122 | 1.163 | 1.203 |
| 30 | 1.203 | 1.244 | 1.285 | 1.326 | 1.366 | 1.407 | 1.448 | 1.489 | 1.530 | 1.571 | 1.612 |
| 40 | 1.612 | 1.653 | 1.694 | 1.735 | 1.776 | 1.817 | 1.858 | 1.899 | 1.941 | 1.982 | 2.023 |
| 50 | 2.023 | 2.064 | 2.106 | 2.147 | 2.188 | 2.230 | 2.271 | 2.312 | 2.354 | 2.395 | 2.436 |
| 60 | 2.436 | 2.478 | 2.519 | 2.561 | 2.602 | 2.644 | 2.685 | 2.727 | 2.768 | 2.810 | 2.851 |
| 70 | 2.851 | 2.893 | 2.934 | 2.976 | 3.017 | 3.059 | 3.100 | 3.142 | 3.184 | 3.225 | 3.267 |
| 80 | 3.267 | 3.308 | 3.350 | 3.391 | 3.433 | 3.474 | 3.516 | 3.557 | 3.599 | 3.640 | 3.682 |
| 90 | 3.682 | 3.723 | 3.765 | 3.806 | 3.848 | 3.889 | 3.931 | 3.972 | 4.013 | 4.055 | 4.096 |
| 100 | 4.096 | 4.138 | 4.179 | 4.220 | 4.262 | 4.303 | 4.344 | 4.385 | 4.427 | 4.468 | 4.509 |
| 110 | 4.509 | 4.550 | 4.591 | 4.633 | 4.674 | 4.715 | 4.756 | 4.797 | 4.838 | 4.879 | 4.920 |
| 120 | 4.920 | 4.961 | 5.002 | 5.043 | 5.084 | 5.124 | 5.165 | 5.206 | 5.247 | 5.288 | 5.328 |
| 130 | 5.328 | 5.369 | 5.410 | 5.450 | 5.491 | 5.532 | 5.572 | 5.613 | 5.653 | 5.694 | 5.735 |
| 140 | 5.735 | 5.775 | 5.815 | 5.856 | 5.896 | 5.937 | 5.977 | 6.017 | 6.058 | 6.098 | 6.138 |
| 150 | 6.138 | 6.179 | 6.219 | 6.259 | 6.299 | 6.339 | 6.380 | 6.420 | 6.460 | 6.500 | 6.540 |
| 160 | 6.540 | 6.580 | 6.620 | 6.660 | 6.701 | 6.741 | 6.781 | 6.821 | 6.861 | 6.901 | 6.941 |
| 170 | 6.941 | 6.981 | 7.021 | 7.060 | 7.100 | 7.140 | 7.180 | 7.220 | 7.260 | 7.300 | 7.340 |
| 180 | 7.340 | 7.380 | 7.420 | 7.460 | 7.500 | 7.540 | 7.579 | 7.619 | 7.659 | 7.699 | 7.739 |
| 190 | 7.739 | 7.779 | 7.819 | 7.859 | 7.899 | 7.939 | 7.979 | 8.019 | 8.059 | 8.099 | 8.138 |
| 200 | 8.138 | 8.178 | 8.218 | 8.258 | 8.298 | 8.338 | 8.378 | 8.418 | 8.458 | 8.499 | 8.539 |
| 210 | 8.539 | 8.579 | 8.619 | 8.659 | 8.699 | 8.739 | 8.779 | 8.819 | 8.860 | 8.900 | 8.940 |
| 220 | 8.940 | 8.980 | 9.020 | 9.061 | 9.101 | 9.141 | 9.181 | 9.222 | 9.262 | 9.302 | 9.343 |
| 230 | 9.343 | 9.383 | 9.423 | 9.464 | 9.504 | 9.545 | 9.585 | 9.626 | 9.666 | 9.707 | 9.747 |
| 240 | 9.747 | 9.788 | 9.828 | 9.869 | 9.909 | 9.950 | 9.991 | 10.031 | 10.072 | 10.113 | 10.153 |
| 250 | 10.153 | 10.194 | 10.235 | 10.276 | 10.316 | 10.357 | 10.398 | 10.439 | 10.480 | 10.520 | 10.561 |
| 260 | 10.561 | 10.602 | 10.643 | 10.684 | 10.725 | 10.766 | 10.807 | 10.848 | 10.889 | 10.930 | 10.971 |
| 270 | 10.971 | 11.012 | 11.053 | 11.094 | 11.135 | 11.176 | 11.217 | 11.259 | 11.300 | 11.341 | 11.382 |
| 280 | 11.382 | 11.423 | 11.465 | 11.506 | 11.547 | 11.588 | 11.630 | 11.671 | 11.712 | 11.753 | 11.795 |
| 290 | 11.795 | 11.836 | 11.877 | 11.919 | 11.960 | 12.001 | 12.043 | 12.084 | 12.126 | 12.167 | 12.209 |
| 300 | 12.209 | 12.250 | 12.291 | 12.333 | 12.374 | 12.416 | 12.457 | 12.499 | 12.540 | 12.582 | 12.624 |
| 310 | 12.624 | 12.665 | 12.707 | 12.748 | 12.790 | 12.831 | 12.873 | 12.915 | 12.956 | 12.998 | 13.040 |
| 320 | 13.040 | 13.081 | 13.123 | 13.165 | 13.206 | 13.248 | 13.290 | 13.331 | 13.373 | 13.415 | 13.457 |
| 330 | 13.457 | 13.498 | 13.540 | 13.582 | 13.624 | 13.665 | 13.707 | 13.749 | 13.791 | 13.833 | 13.874 |
| 340 | 13.874 | 13.916 | 13.958 | 14.000 | 14.042 | 14.084 | 14.126 | 14.167 | 14.209 | 14.251 | 14.293 |
| 350 | 14.293 | 14.335 | 14.377 | 14.419 | 14.461 | 14.503 | 14.545 | 14.587 | 14.629 | 14.671 | 14.713 |
| 360 | 14.713 | 14.755 | 14.797 | 14.839 | 14.881 | 14.923 | 14.965 | 15.007 | 15.049 | 15.091 | 15.133 |
| 370 | 15.133 | 15.175 | 15.217 | 15.259 | 15.301 | 15.343 | 15.385 | 15.427 | 15.469 | 15.511 | 15.554 |
| 380 | 15.554 | 15.596 | 15.638 | 15.680 | 15.722 | 15.764 | 15.806 | 15.849 | 15.891 | 15.933 | 15.975 |
| 390 | 15.975 | 16.017 | 16.059 | 16.102 | 16.144 | 16.186 | 16.228 | 16.270 | 16.313 | 16.355 | 16.397 |

续表

| 温度/℃ | 0 | 1 | 2 | 3 | 4 | 5 | 6 | 7 | 8 | 9 | 10 |
|---|---|---|---|---|---|---|---|---|---|---|---|
| 400 | 16.397 | 16.439 | 16.482 | 16.524 | 16.566 | 16.608 | 16.651 | 16.693 | 16.735 | 16.778 | 16.820 |
| 410 | 16.820 | 16.862 | 16.904 | 16.947 | 16.989 | 17.031 | 17.074 | 17.116 | 17.158 | 17.201 | 17.243 |
| 420 | 17.243 | 17.285 | 17.328 | 17.370 | 17.413 | 17.455 | 17.497 | 17.540 | 17.582 | 17.624 | 17.667 |
| 430 | 17.667 | 17.709 | 17.752 | 17.794 | 17.837 | 17.879 | 17.921 | 17.964 | 18.006 | 18.049 | 18.091 |
| 440 | 18.091 | 18.134 | 18.176 | 18.218 | 18.261 | 18.303 | 18.346 | 18.388 | 18.431 | 18.473 | 18.516 |
| 450 | 18.516 | 18.558 | 18.601 | 18.643 | 18.686 | 18.728 | 18.771 | 18.813 | 18.856 | 18.898 | 18.941 |
| 460 | 18.941 | 18.983 | 19.026 | 19.068 | 19.111 | 19.154 | 19.196 | 19.239 | 19.281 | 19.324 | 19.366 |
| 470 | 19.366 | 19.409 | 19.451 | 19.494 | 19.537 | 19.579 | 19.622 | 19.664 | 19.707 | 19.750 | 19.792 |
| 480 | 19.792 | 19.835 | 19.877 | 19.920 | 19.962 | 20.005 | 20.048 | 20.090 | 20.133 | 20.175 | 20.218 |
| 490 | 20.218 | 20.261 | 20.303 | 20.346 | 20.389 | 20.431 | 20.474 | 20.516 | 20.559 | 20.602 | 20.644 |
| 500 | 20.644 | 20.687 | 20.730 | 20.772 | 20.815 | 20.857 | 20.900 | 20.943 | 20.985 | 21.028 | 21.071 |
| 510 | 21.071 | 21.113 | 21.156 | 21.199 | 21.241 | 21.284 | 21.326 | 21.369 | 21.412 | 21.454 | 21.497 |
| 520 | 21.497 | 21.540 | 21.582 | 21.625 | 21.668 | 21.710 | 21.753 | 21.796 | 21.838 | 21.881 | 21.924 |
| 530 | 21.924 | 21.966 | 22.009 | 22.052 | 22.094 | 22.137 | 22.179 | 22.222 | 22.265 | 22.307 | 22.350 |
| 540 | 22.350 | 22.393 | 22.435 | 22.478 | 22.521 | 22.563 | 22.606 | 22.649 | 22.691 | 22.734 | 22.776 |
| 550 | 22.776 | 22.819 | 22.862 | 22.904 | 22.947 | 22.990 | 23.032 | 23.075 | 23.117 | 23.160 | 23.203 |
| 560 | 23.203 | 23.245 | 23.288 | 23.331 | 23.373 | 23.416 | 23.458 | 23.501 | 23.544 | 23.586 | 23.629 |
| 570 | 23.629 | 23.671 | 23.714 | 23.757 | 23.799 | 23.842 | 23.884 | 23.927 | 23.970 | 24.012 | 24.055 |
| 580 | 24.055 | 24.097 | 24.140 | 24.182 | 24.225 | 24.267 | 24.310 | 24.353 | 24.395 | 24.438 | 24.480 |
| 590 | 24.480 | 24.523 | 24.565 | 24.608 | 24.650 | 24.693 | 24.735 | 24.778 | 24.820 | 24.863 | 24.905 |
| 600 | 24.906 | 24.948 | 24.990 | 25.033 | 25.075 | 25.118 | 25.160 | 25.203 | 25.245 | 25.288 | 25.330 |
| 610 | 25.330 | 25.373 | 25.415 | 25.458 | 25.500 | 25.543 | 25.585 | 25.627 | 25.670 | 25.712 | 25.755 |
| 620 | 25.755 | 25.797 | 25.840 | 25.882 | 25.924 | 25.967 | 26.009 | 26.052 | 26.094 | 26.136 | 26.179 |
| 630 | 26.179 | 26.221 | 26.263 | 26.306 | 26.348 | 26.390 | 26.433 | 26.475 | 26.517 | 26.560 | 26.602 |
| 640 | 26.602 | 26.644 | 26.687 | 26.729 | 26.771 | 26.814 | 26.856 | 26.898 | 26.940 | 26.983 | 27.025 |
| 650 | 27.025 | 27.067 | 27.109 | 27.152 | 27.194 | 27.236 | 27.278 | 27.320 | 27.363 | 27.405 | 27.447 |
| 660 | 27.447 | 27.489 | 27.531 | 27.574 | 27.616 | 27.658 | 27.700 | 27.742 | 27.784 | 27.826 | 27.869 |
| 670 | 27.869 | 27.911 | 27.953 | 27.995 | 28.037 | 28.079 | 28.121 | 28.163 | 28.205 | 28.247 | 28.289 |
| 680 | 28.289 | 28.332 | 28.374 | 28.416 | 28.458 | 28.500 | 28.542 | 28.584 | 28.626 | 28.668 | 28.710 |
| 690 | 28.710 | 28.752 | 28.794 | 28.835 | 28.877 | 28.919 | 28.961 | 29.003 | 29.045 | 29.087 | 29.129 |
| 700 | 29.129 | 29.171 | 29.213 | 29.255 | 29.297 | 29.338 | 29.380 | 29.422 | 29.464 | 29.506 | 29.548 |
| 710 | 29.548 | 29.589 | 29.631 | 29.673 | 29.715 | 29.757 | 29.798 | 29.840 | 29.882 | 29.924 | 29.965 |
| 720 | 29.965 | 30.007 | 30.049 | 30.090 | 30.132 | 30.174 | 30.216 | 30.257 | 30.299 | 30.341 | 30.382 |
| 730 | 30.382 | 30.424 | 30.466 | 30.507 | 30.549 | 30.590 | 30.632 | 30.674 | 30.715 | 30.757 | 30.798 |
| 740 | 30.798 | 30.840 | 30.881 | 30.923 | 30.964 | 31.006 | 31.047 | 31.089 | 31.130 | 31.172 | 31.213 |
| 750 | 31.213 | 31.255 | 31.296 | 31.338 | 31.379 | 31.421 | 31.462 | 31.504 | 31.545 | 31.586 | 31.628 |
| 760 | 31.628 | 31.669 | 31.710 | 31.752 | 31.793 | 31.834 | 31.876 | 31.917 | 31.958 | 32.000 | 32.041 |
| 770 | 32.041 | 32.082 | 32.124 | 32.165 | 32.206 | 32.247 | 32.289 | 32.330 | 32.371 | 32.412 | 32.453 |
| 780 | 32.453 | 32.495 | 32.536 | 32.577 | 32.618 | 32.659 | 32.700 | 32.742 | 32.783 | 32.824 | 32.865 |
| 790 | 32.865 | 32.906 | 32.947 | 32.988 | 33.029 | 33.070 | 33.111 | 33.152 | 33.193 | 33.234 | 33.275 |

续表

| 温度 /℃ | 0 | 1 | 2 | 3 | 4 | 5 | 6 | 7 | 8 | 9 | 10 |
|---|---|---|---|---|---|---|---|---|---|---|---|
| 800 | 33.275 | 33.316 | 33.357 | 33.398 | 33.439 | 33.480 | 33.521 | 33.562 | 33.603 | 33.644 | 33.685 |
| 810 | 33.685 | 33.726 | 33.767 | 33.808 | 33.848 | 33.889 | 33.930 | 33.971 | 34.012 | 34.053 | 34.093 |
| 820 | 34.093 | 34.134 | 34.175 | 34.216 | 34.275 | 34.297 | 34.338 | 34.379 | 34.420 | 34.460 | 34.501 |
| 830 | 34.501 | 34.542 | 34.582 | 34.623 | 34.664 | 34.704 | 34.745 | 34.786 | 34.826 | 34.867 | 34.908 |
| 840 | 34.908 | 34.948 | 34.989 | 35.029 | 35.070 | 35.110 | 35.151 | 35.192 | 35.232 | 35.273 | 35.313 |
| | | | | | | | | | | | |
| 850 | 35.313 | 35.354 | 35.394 | 35.435 | 35.475 | 35.516 | 35.556 | 35.596 | 35.637 | 35.677 | 35.718 |
| 860 | 35.718 | 35.758 | 35.798 | 35.839 | 35.879 | 35.920 | 35.960 | 36.000 | 36.041 | 36.081 | 36.121 |
| 870 | 36.121 | 36.162 | 36.202 | 36.242 | 36.282 | 36.323 | 36.363 | 36.403 | 36.443 | 36.484 | 36.524 |
| 880 | 36.524 | 36.564 | 36.604 | 36.644 | 36.685 | 36.725 | 36.765 | 36.805 | 36.845 | 36.885 | 36.925 |
| 890 | 36.925 | 36.965 | 37.006 | 37.046 | 37.086 | 37.126 | 37.166 | 37.206 | 37.246 | 37.286 | 37.326 |
| | | | | | | | | | | | |
| 900 | 37.326 | 37.366 | 37.406 | 37.446 | 37.486 | 37.526 | 37.566 | 37.606 | 37.646 | 37.686 | 37.725 |
| 910 | 37.725 | 37.765 | 37.805 | 37.845 | 37.885 | 37.925 | 37.965 | 38.005 | 38.044 | 38.084 | 38.124 |
| 920 | 38.124 | 38.164 | 38.204 | 38.243 | 38.283 | 38.323 | 38.363 | 38.402 | 38.442 | 38.482 | 38.522 |
| 930 | 38.522 | 38.561 | 38.601 | 38.641 | 38.680 | 38.720 | 38.760 | 38.799 | 38.839 | 38.878 | 38.918 |
| 940 | 38.918 | 38.958 | 38.997 | 39.037 | 39.076 | 39.116 | 39.155 | 39.195 | 39.235 | 39.274 | 39.314 |
| | | | | | | | | | | | |
| 950 | 39.314 | 39.353 | 39.393 | 39.432 | 39.471 | 39.511 | 39.550 | 39.590 | 39.629 | 39.669 | 39.708 |
| 960 | 39.708 | 39.747 | 39.787 | 39.826 | 39.866 | 39.905 | 39.944 | 39.984 | 40.023 | 40.062 | 40.101 |
| 970 | 40.101 | 40.141 | 40.180 | 40.219 | 40.259 | 40.298 | 40.337 | 40.376 | 40.415 | 40.455 | 40.494 |
| 980 | 40.494 | 40.533 | 40.572 | 40.611 | 40.651 | 40.690 | 40.729 | 40.768 | 40.807 | 40.846 | 40.885 |
| 990 | 40.885 | 40.924 | 40.963 | 41.002 | 41.042 | 41.081 | 41.120 | 41.159 | 41.198 | 41.237 | 41.276 |
| | | | | | | | | | | | |
| 1000 | 41.276 | 41.315 | 41.354 | 41.393 | 41.431 | 41.470 | 41.509 | 41.548 | 41.587 | 41.626 | 41.665 |
| 1010 | 41.665 | 41.704 | 41.743 | 41.781 | 41.820 | 41.859 | 41.898 | 41.937 | 41.976 | 42.014 | 42.053 |
| 1020 | 42.053 | 42.092 | 42.131 | 42.169 | 42.208 | 42.247 | 42.286 | 42.324 | 42.363 | 42.402 | 42.440 |
| 1030 | 42.440 | 42.479 | 42.518 | 42.556 | 42.595 | 42.633 | 42.672 | 42.711 | 42.749 | 42.788 | 42.826 |
| 1040 | 42.826 | 42.865 | 42.903 | 42.942 | 42.980 | 43.019 | 43.057 | 43.096 | 43.134 | 43.173 | 43.211 |
| | | | | | | | | | | | |
| 1050 | 43.211 | 43.250 | 43.288 | 43.327 | 43.365 | 43.403 | 43.442 | 43.480 | 43.518 | 43.557 | 43.595 |
| 1060 | 43.595 | 43.633 | 43.672 | 43.710 | 43.748 | 43.787 | 43.825 | 43.863 | 43.901 | 43.940 | 43.978 |
| 1070 | 43.978 | 44.016 | 44.054 | 44.092 | 44.130 | 44.169 | 44.207 | 44.245 | 44.283 | 44.321 | 44.359 |
| 1080 | 44.359 | 44.397 | 44.435 | 44.473 | 44.512 | 44.550 | 44.588 | 44.626 | 44.664 | 44.702 | 44.740 |
| 1090 | 44.740 | 44.778 | 44.816 | 44.853 | 44.891 | 44.929 | 44.967 | 45.005 | 45.043 | 45.081 | 45.119 |
| | | | | | | | | | | | |
| 1100 | 45.119 | 45.157 | 45.194 | 45.232 | 45.270 | 45.308 | 45.346 | 45.383 | 45.421 | 45.459 | 45.497 |
| 1110 | 45.497 | 45.534 | 45.572 | 45.610 | 45.647 | 45.685 | 45.723 | 45.760 | 45.798 | 45.836 | 45.873 |
| 1120 | 45.873 | 45.911 | 45.948 | 45.986 | 46.024 | 46.061 | 46.099 | 46.136 | 46.174 | 46.211 | 46.249 |
| 1130 | 46.249 | 46.286 | 46.324 | 46.361 | 46.398 | 46.436 | 46.473 | 46.511 | 46.548 | 46.585 | 46.623 |
| 1140 | 46.623 | 46.660 | 46.697 | 46.735 | 46.772 | 46.809 | 46.847 | 46.884 | 46.921 | 46.958 | 46.995 |
| | | | | | | | | | | | |
| 1150 | 460.995 | 47.033 | 47.070 | 47.107 | 47.144 | 47.181 | 47.218 | 47.256 | 47.293 | 47.330 | 47.367 |
| 1160 | 47.367 | 47.404 | 47.441 | 47.478 | 47.515 | 47.552 | 47.589 | 47.626 | 47.663 | 47.700 | 47.737 |
| 1170 | 47.737 | 47.774 | 47.811 | 47.848 | 47.884 | 47.921 | 47.958 | 47.995 | 48.032 | 48.069 | 48.105 |
| 1180 | 48.105 | 48.142 | 48.179 | 48.216 | 48.252 | 48.289 | 48.326 | 48.363 | 48.399 | 48.436 | 48.473 |
| 1190 | 48.473 | 48.509 | 48.546 | 48.582 | 48.619 | 48.656 | 48.692 | 48.729 | 48.765 | 48.802 | 48.838 |

| 温度/℃ | 0 | 1 | 2 | 3 | 4 | 5 | 6 | 7 | 8 | 9 | 10 |
|---|---|---|---|---|---|---|---|---|---|---|---|
| 1200 | 48.838 | 48.875 | 48.911 | 48.948 | 48.984 | 49.021 | 49.057 | 49.093 | 49.130 | 49.166 | 49.202 |
| 1210 | 49.202 | 49.239 | 49.275 | 49.311 | 49.348 | 49.384 | 49.420 | 49.456 | 49.493 | 49.529 | 49.565 |
| 1220 | 49.565 | 49.601 | 49.637 | 49.674 | 49.710 | 49.746 | 49.782 | 49.818 | 49.854 | 49.890 | 49.926 |
| 1230 | 49.926 | 49.962 | 49.998 | 50.034 | 50.070 | 50.106 | 50.142 | 50.178 | 50.214 | 50.250 | 50.286 |
| 1240 | 50.286 | 50.322 | 50.358 | 50.393 | 50.429 | 50.465 | 50.501 | 50.537 | 50.572 | 50.608 | 50.644 |
| 1250 | 50.644 | 50.680 | 50.715 | 50.751 | 50.787 | 50.822 | 50.858 | 50.894 | 50.929 | 50.965 | 51.000 |
| 1260 | 51.000 | 51.036 | 51.071 | 51.107 | 51.142 | 51.178 | 51.213 | 51.249 | 51.284 | 51.320 | 51.355 |
| 1270 | 51.355 | 51.391 | 51.426 | 51.461 | 51.497 | 51.532 | 51.567 | 51.603 | 51.638 | 51.673 | 51.708 |
| 1280 | 51.708 | 51.744 | 51.779 | 51.814 | 51.849 | 51.885 | 51.920 | 51.955 | 51.990 | 52.025 | 52.060 |
| 1290 | 52.060 | 52.095 | 52.130 | 52.165 | 52.200 | 52.235 | 52.270 | 52.305 | 52.340 | 52.375 | 52.410 |
| 1300 | 52.410 | 52.445 | 52.480 | 52.515 | 52.550 | 52.585 | 52.620 | 52.654 | 52.689 | 52.724 | 52.759 |
| 1310 | 52.759 | 52.794 | 52.828 | 52.863 | 52.898 | 52.932 | 52.967 | 53.002 | 53.037 | 53.071 | 53.106 |
| 1320 | 53.106 | 53.140 | 53.175 | 53.210 | 53.244 | 53.279 | 53.313 | 53.348 | 53.382 | 53.417 | 53.451 |
| 1330 | 53.451 | 53.486 | 53.520 | 53.555 | 53.589 | 53.623 | 53.658 | 53.692 | 53.727 | 53.761 | 53.795 |
| 1340 | 53.795 | 53.830 | 53.864 | 53.898 | 53.932 | 53.967 | 54.001 | 54.035 | 54.069 | 54.104 | 54.138 |
| 1350 | 54.138 | 54.172 | 54.206 | 54.240 | 54.274 | 54.308 | 54.343 | 54.377 | 54.411 | 54.445 | 54.479 |
| 1360 | 54.479 | 54.513 | 54.547 | 56.581 | 54.615 | 54.649 | 54.683 | 54.717 | 54.751 | 54.785 | 54.819 |
| 1370 | 54.819 | 54.852 | 54.886 | | | | | | | | |

# E型热电偶分度表

热电偶电势（单位：mV）

| 温度/℃ | 0 | 1 | 2 | 3 | 4 | 5 | 6 | 7 | 8 | 9 |
|---|---|---|---|---|---|---|---|---|---|---|
| −260 | −9.797 | | | | | | | | | |
| −250 | −9.718 | −9.728 | −9.737 | −9.746 | −9.754 | −9.762 | −9.770 | −9.777 | −9.784 | −9.790 |
| −240 | −9.604 | −9.617 | −9.630 | −9.642 | −9.654 | −9.666 | −9.677 | −9.688 | −9.698 | −9.709 |
| −230 | −6.262 | −9.471 | −9.487 | −9.503 | −9.519 | −9.534 | −9.548 | −9.563 | −9.577 | −9.591 |
| −220 | −9.274 | −9.293 | −9.313 | −9.331 | −9.350 | −9.368 | −9.386 | −9.404 | −9.421 | −9.438 |
| −210 | −9.063 | −9.085 | −9.107 | −9.129 | −9.151 | −9.172 | −9.193 | −9.214 | −9.234 | −9.254 |
| −200 | −8.825 | −8.850 | −8.874 | −8.899 | −8.923 | −8.947 | −8.971 | −8.994 | −9.017 | −9.040 |
| −190 | −8.561 | −8.588 | −8.616 | −8.643 | −8.669 | −8.696 | −8.722 | −8.748 | −8.774 | −8.799 |
| −180 | −8.273 | −8.303 | −8.333 | −8.362 | −8.391 | −8.420 | −8.449 | −8.477 | −8.505 | −8.533 |
| −170 | −7.963 | −7.995 | −8.027 | −8.059 | −8.090 | −8.121 | −8.152 | −8.183 | −8.213 | −8.243 |
| −160 | −7.632 | −7.666 | −7.700 | −7.733 | −7.767 | −7.800 | −7.833 | −7.866 | −7.899 | −7.931 |
| −150 | −7.279 | −7.315 | −7.351 | −7.387 | −7.423 | −7.458 | −7.493 | −7.528 | −7.563 | −7.597 |
| −140 | −6.907 | −6.945 | −6.983 | −7.021 | −7.058 | −7.096 | −7.133 | −7.170 | −7.206 | −7.243 |
| −130 | −6.516 | −6.556 | −6.596 | −6.636 | −6.675 | −6.714 | −6.753 | −6.792 | −6.831 | −6.869 |
| −120 | −6.107 | −6.149 | −6.191 | −6.232 | −6.273 | −6.314 | −6.355 | −6.396 | −6.436 | −6.476 |
| −110 | −5.681 | −5.724 | −5.767 | −5.810 | −5.853 | −5.896 | −5.939 | −5.981 | −6.023 | −6.065 |
| −100 | −5.237 | −5.282 | −5.327 | −5.372 | −5.417 | −5.461 | −5.505 | −5.549 | −5.593 | −5.637 |
| −90 | −4.777 | −4.824 | −4.871 | −4.917 | −4.963 | −5.009 | −5.055 | −5.101 | −5.147 | −5.192 |
| −80 | −4.302 | −4.350 | −4.398 | −4.446 | −4.494 | −4.542 | −4.589 | −4.636 | −4.684 | −4.731 |
| −70 | −3.811 | −3.861 | −3.911 | −3.960 | −4.009 | −4.058 | −4.107 | −4.156 | −4.205 | −4.254 |
| −60 | −3.306 | −3.357 | −3.408 | −3.459 | −3.510 | −3.561 | −3.611 | −3.661 | −3.711 | −3.761 |
| −50 | −2.787 | −2.840 | −2.892 | −2.944 | −2.996 | −3.048 | −3.100 | −3.152 | −3.204 | −3.255 |
| −40 | −2.255 | −2.309 | −2.362 | −2.416 | −2.469 | −2.523 | −2.576 | −2.629 | −2.682 | −2.735 |
| −30 | −1.709 | −1.765 | −1.820 | −1.874 | −1.929 | −1.984 | −2.038 | −2.093 | −2.147 | −2.201 |
| −20 | −1.152 | −1.208 | −1.264 | −1.320 | −1.376 | −1.432 | −1.488 | −1.543 | −1.599 | −1.654 |
| −10 | −0.582 | −0.639 | −0.697 | −0.754 | −0.811 | −0.868 | −0.925 | −0.982 | −1.039 | −1.095 |
| 0 | 0.000 | −0.059 | −0.117 | −0.176 | −0.234 | −0.292 | −0.350 | −0.408 | −0.466 | −0.524 |

续表

| 温度/℃ | 0 | 1 | 2 | 3 | 4 | 5 | 6 | 7 | 8 | 9 |
|---|---|---|---|---|---|---|---|---|---|---|
| 0 | 0 | 0.059 | 0.118 | 0.176 | 0.235 | 0.294 | 0.354 | 0.413 | 0.472 | 0.532 |
| 10 | 0.591 | 0.651 | 0.711 | 0.770 | 0.830 | 0.890 | 0.950 | 1.010 | 1.071 | 1.131 |
| 20 | 1.192 | 1.252 | 1.313 | 1.373 | 1.434 | 1.495 | 1.556 | 1.617 | 1.678 | 1.740 |
| 30 | 1.801 | 1.862 | 1.924 | 1.986 | 2.047 | 2.109 | 2.171 | 2.233 | 2.295 | 2.357 |
| 40 | 2.420 | 2.482 | 2.545 | 2.607 | 2.670 | 2.733 | 2.795 | 2.858 | 2.921 | 2.984 |
| 50 | 3.048 | 3.111 | 3.174 | 3.238 | 3.301 | 3.365 | 3.429 | 3.492 | 3.556 | 3.620 |
| 60 | 3.685 | 3.749 | 3.813 | 3.877 | 3.942 | 4.006 | 4.071 | 4.136 | 4.200 | 4.265 |
| 70 | 4.330 | 4.395 | 4.460 | 4.526 | 4.591 | 4.656 | 4.722 | 4.788 | 4.853 | 4.919 |
| 80 | 4.985 | 5.051 | 5.117 | 5.183 | 5.249 | 5.315 | 5.382 | 5.448 | 5.514 | 5.581 |
| 90 | 5.648 | 5.714 | 5.781 | 5.848 | 5.915 | 5.982 | 6.049 | 6.117 | 6.184 | 6.251 |
| 100 | 6.319 | 6.386 | 6.454 | 6.522 | 6.590 | 6.658 | 6.725 | 6.794 | 6.862 | 6.930 |
| 110 | 6.998 | 7.066 | 7.135 | 7.203 | 7.272 | 7.341 | 7.409 | 7.478 | 7.547 | 7.616 |
| 120 | 7.685 | 7.754 | 7.823 | 7.892 | 7.962 | 8.031 | 8.101 | 8.170 | 8.240 | 8.309 |
| 130 | 8.379 | 8.449 | 8.519 | 8.589 | 8.659 | 8.729 | 8.799 | 8.869 | 8.940 | 9.010 |
| 140 | 9.081 | 9.151 | 9.222 | 9.292 | 9.363 | 9.434 | 9.505 | 9.576 | 9.647 | 9.718 |
| 150 | 9.789 | 9.860 | 9.931 | 10.003 | 10.074 | 10.145 | 10.217 | 10.288 | 10.360 | 10.432 |
| 160 | 10.503 | 10.575 | 10.647 | 10.719 | 10.791 | 10.863 | 10.935 | 11.007 | 11.080 | 11.152 |
| 170 | 11.224 | 11.297 | 11.369 | 11.442 | 11.514 | 11.587 | 11.660 | 11.733 | 11.805 | 11.878 |
| 180 | 11.951 | 12.024 | 12.097 | 12.170 | 12.243 | 12.317 | 12.390 | 12.463 | 12.537 | 12.610 |
| 190 | 12.684 | 12.757 | 12.831 | 12.904 | 12.978 | 13.052 | 13.126 | 13.199 | 13.273 | 13.347 |
| 200 | 13.421 | 13.495 | 13.569 | 13.644 | 13.718 | 13.792 | 13.866 | 13.941 | 14.015 | 14.090 |
| 210 | 14.164 | 14.239 | 14.313 | 14.388 | 14.463 | 14.537 | 14.612 | 14.687 | 14.762 | 14.837 |
| 220 | 14.912 | 14.987 | 15.062 | 15.137 | 15.212 | 15.287 | 15.362 | 15.438 | 15.513 | 15.588 |
| 230 | 15.664 | 15.739 | 15.815 | 15.890 | 15.966 | 16.041 | 16.117 | 16.193 | 16.269 | 16.344 |
| 240 | 16.420 | 16.496 | 16.572 | 16.648 | 16.724 | 16.800 | 16.876 | 16.952 | 17.028 | 17.104 |
| 250 | 17.181 | 17.257 | 17.333 | 17.409 | 17.486 | 17.562 | 17.639 | 17.715 | 17.792 | 17.868 |
| 260 | 17.945 | 18.021 | 18.098 | 18.175 | 18.252 | 18.328 | 18.405 | 18.482 | 18.559 | 18.636 |
| 270 | 18.713 | 18.790 | 18.867 | 18.944 | 19.021 | 19.098 | 19.175 | 19.252 | 19.330 | 19.407 |
| 280 | 19.484 | 19.561 | 19.639 | 19.716 | 19.794 | 19.871 | 19.948 | 20.026 | 20.103 | 20.181 |
| 290 | 20.259 | 20.336 | 20.414 | 20.492 | 20.569 | 20.647 | 20.725 | 20.803 | 20.880 | 20.958 |
| 300 | 21.036 | 21.114 | 21.192 | 21.270 | 21.348 | 21.426 | 21.504 | 21.582 | 21.660 | 21.739 |
| 310 | 21.817 | 21.895 | 21.973 | 22.051 | 22.130 | 22.208 | 22.286 | 22.365 | 22.443 | 22.522 |
| 320 | 22.600 | 22.678 | 22.757 | 22.835 | 22.914 | 22.993 | 23.071 | 23.150 | 23.228 | 23.307 |
| 330 | 23.386 | 23.464 | 23.543 | 23.622 | 23.701 | 23.780 | 23.858 | 23.937 | 24.016 | 24.095 |
| 340 | 24.174 | 24.253 | 24.332 | 24.411 | 24.490 | 24.569 | 24.648 | 24.727 | 24.806 | 24.885 |

续表

| 温度/℃ | 0 | 1 | 2 | 3 | 4 | 5 | 6 | 7 | 8 | 9 |
|---|---|---|---|---|---|---|---|---|---|---|
| 350 | 24.964 | 25.044 | 25.123 | 25.202 | 25.281 | 25.360 | 25.440 | 25.519 | 25.598 | 25.678 |
| 360 | 25.757 | 25.836 | 25.916 | 25.995 | 26.075 | 26.154 | 26.233 | 26.313 | 26.392 | 26.472 |
| 370 | 26.552 | 26.631 | 26.711 | 26.790 | 26.870 | 26.950 | 27.029 | 27.109 | 27.189 | 27.268 |
| 380 | 27.348 | 27.428 | 27.507 | 27.587 | 27.667 | 27.747 | 27.827 | 27.907 | 27.986 | 28.066 |
| 390 | 28.146 | 28.226 | 28.306 | 28.386 | 28.466 | 28.546 | 28.626 | 28.706 | 28.786 | 28.866 |
| 400 | 28.946 | 29.026 | 29.106 | 29.186 | 29.266 | 29.346 | 29.427 | 29.507 | 29.587 | 29.667 |
| 410 | 29.747 | 29.827 | 29.908 | 29.988 | 30.068 | 30.148 | 30.229 | 30.309 | 30.389 | 30.470 |
| 420 | 30.550 | 30.630 | 30.711 | 30.791 | 30.871 | 30.952 | 31.032 | 31.112 | 31.193 | 31.273 |
| 430 | 31.354 | 31.434 | 31.515 | 31.595 | 31.676 | 31.756 | 31.837 | 31.917 | 31.998 | 32.078 |
| 440 | 32.159 | 32.239 | 32.320 | 32.400 | 32.481 | 32.562 | 32.642 | 32.723 | 32.803 | 32.884 |
| 450 | 32.965 | 33.045 | 33.126 | 33.207 | 33.287 | 33.368 | 33.449 | 33.529 | 33.610 | 33.691 |
| 460 | 33.772 | 33.852 | 33.933 | 34.014 | 34.095 | 34.175 | 34.256 | 34.337 | 34.418 | 34.498 |
| 470 | 34.579 | 34.660 | 34.741 | 34.822 | 34.902 | 34.983 | 35.064 | 35.145 | 35.226 | 35.307 |
| 480 | 35.387 | 35.468 | 35.549 | 35.630 | 35.711 | 35.792 | 35.873 | 35.954 | 36.034 | 36.115 |
| 490 | 36.196 | 36.277 | 36.358 | 36.439 | 36.520 | 36.601 | 36.682 | 36.763 | 36.843 | 36.924 |
| 500 | 37.005 | 37.086 | 37.167 | 37.248 | 37.329 | 37.410 | 37.491 | 37.572 | 37.653 | 37.734 |
| 510 | 37.815 | 37.896 | 37.977 | 38.058 | 38.139 | 38.220 | 38.300 | 38.381 | 38.462 | 38.543 |
| 520 | 38.624 | 38.705 | 38.786 | 38.867 | 38.948 | 39.029 | 39.110 | 39.191 | 39.272 | 39.353 |
| 530 | 39.434 | 39.515 | 39.596 | 39.677 | 39.758 | 39.839 | 39.920 | 40.001 | 40.082 | 40.163 |
| 540 | 40.243 | 40.324 | 40.405 | 40.486 | 40.567 | 40.648 | 40.729 | 40.810 | 40.891 | 40.972 |
| 550 | 41.053 | 41.134 | 41.215 | 41.296 | 41.377 | 41.457 | 41.538 | 41.619 | 41.700 | 41.781 |
| 560 | 41.862 | 41.943 | 42.024 | 42.105 | 42.185 | 42.266 | 42.347 | 42.428 | 42.509 | 42.590 |
| 570 | 42.671 | 42.751 | 42.832 | 42.913 | 42.994 | 43.075 | 43.156 | 43.236 | 43.317 | 43.398 |
| 580 | 43.479 | 43.560 | 43.640 | 43.721 | 43.802 | 43.883 | 43.963 | 44.044 | 44.125 | 44.206 |
| 590 | 44.286 | 44.367 | 44.448 | 44.529 | 44.609 | 44.690 | 44.771 | 44.851 | 44.932 | 45.013 |
| 600 | 45.093 | 45.174 | 45.255 | 45.335 | 45.416 | 45.497 | 45.577 | 45.658 | 45.738 | 45.819 |
| 610 | 45.900 | 45.980 | 46.061 | 46.141 | 46.222 | 46.302 | 46.383 | 46.463 | 46.544 | 46.624 |
| 620 | 46.705 | 46.785 | 46.866 | 46.946 | 47.027 | 47.107 | 47.188 | 47.268 | 47.349 | 47.429 |
| 630 | 47.509 | 47.590 | 47.670 | 47.751 | 47.831 | 47.911 | 47.992 | 48.072 | 48.152 | 48.233 |
| 640 | 48.313 | 48.393 | 48.474 | 48.554 | 48.634 | 48.715 | 48.795 | 48.875 | 48.955 | 49.035 |
| 650 | 49.116 | 49.196 | 49.276 | 49.356 | 49.436 | 49.517 | 49.597 | 49.677 | 49.757 | 49.837 |
| 660 | 49.917 | 49.997 | 50.077 | 50.157 | 50.238 | 50.318 | 50.398 | 50.478 | 50.558 | 50.638 |
| 670 | 50.718 | 50.798 | 50.878 | 50.958 | 51.038 | 51.118 | 51.197 | 51.277 | 51.357 | 51.437 |
| 680 | 51.517 | 51.597 | 51.677 | 51.757 | 51.837 | 51.916 | 51.996 | 52.076 | 52.156 | 52.236 |
| 690 | 52.315 | 52.395 | 52.475 | 52.555 | 52.634 | 52.714 | 52.794 | 52.873 | 52.953 | 53.033 |

续表

| 温度/℃ | 0 | 1 | 2 | 3 | 4 | 5 | 6 | 7 | 8 | 9 |
|---|---|---|---|---|---|---|---|---|---|---|
| 700 | 53.112 | 53.192 | 53.272 | 53.351 | 53.431 | 53.510 | 53.590 | 53.670 | 53.749 | 53.829 |
| 710 | 53.908 | 53.988 | 54.067 | 54.147 | 54.226 | 54.306 | 54.385 | 54.465 | 54.544 | 54.624 |
| 720 | 54.703 | 54.782 | 54.862 | 54.941 | 55.021 | 55.100 | 55.179 | 55.259 | 55.338 | 55.417 |
| 730 | 55.497 | 55.576 | 55.655 | 55.734 | 55.814 | 55.893 | 55.972 | 56.051 | 56.131 | 56.210 |
| 740 | 56.289 | 56.368 | 56.447 | 56.526 | 56.606 | 56.685 | 56.764 | 56.843 | 56.922 | 57.001 |
| 750 | 57.080 | 57.159 | 57.238 | 57.317 | 57.396 | 57.475 | 57.554 | 57.633 | 57.712 | 57.791 |
| 760 | 57.870 | 57.949 | 58.028 | 58.107 | 58.186 | 58.265 | 58.343 | 58.422 | 58.501 | 58.580 |
| 770 | 58.659 | 58.738 | 58.816 | 58.895 | 58.974 | 59.053 | 59.131 | 59.210 | 59.289 | 59.367 |
| 780 | 59.446 | 59.525 | 59.604 | 59.682 | 59.761 | 59.839 | 59.918 | 59.997 | 60.075 | 60.154 |
| 790 | 60.232 | 60.311 | 60.390 | 60.468 | 60.547 | 60.625 | 60.704 | 60.782 | 60.860 | 60.939 |
| 800 | 61.017 | 61.096 | 61.174 | 61.253 | 61.331 | 61.409 | 61.488 | 61.566 | 61.644 | 61.723 |
| 810 | 61.801 | 61.879 | 61.958 | 62.036 | 62.114 | 62.192 | 62.271 | 62.349 | 62.427 | 62.505 |
| 820 | 62.583 | 62.662 | 62.740 | 62.818 | 62.896 | 62.974 | 63.052 | 63.130 | 63.208 | 63.286 |
| 830 | 63.364 | 63.442 | 63.520 | 63.598 | 63.676 | 63.754 | 63.832 | 63.910 | 63.988 | 64.066 |
| 840 | 64.144 | 64.222 | 64.300 | 64.377 | 64.455 | 64.533 | 64.611 | 64.689 | 64.766 | 64.844 |
| 850 | 64.922 | 65.000 | 65.077 | 65.155 | 65.233 | 65.310 | 65.388 | 65.465 | 65.543 | 65.621 |
| 860 | 65.698 | 65.776 | 65.853 | 65.931 | 66.008 | 66.086 | 66.163 | 66.241 | 66.318 | 66.396 |
| 870 | 66.473 | 66.550 | 66.628 | 66.705 | 66.782 | 66.860 | 66.937 | 67.014 | 67.092 | 67.169 |
| 880 | 67.246 | 67.323 | 67.400 | 67.478 | 67.555 | 67.632 | 67.709 | 67.786 | 67.863 | 67.940 |
| 890 | 68.017 | 68.094 | 68.171 | 68.248 | 68.325 | 68.402 | 68.479 | 68.556 | 68.633 | 68.710 |
| 900 | 68.787 | 68.863 | 68.940 | 69.017 | 69.094 | 69.171 | 69.247 | 69.324 | 69.401 | 69.477 |
| 910 | 69.554 | 69.631 | 69.707 | 69.784 | 69.860 | 69.937 | 70.013 | 70.090 | 70.166 | 70.243 |
| 920 | 70.319 | 70.396 | 70.472 | 70.548 | 70.625 | 70.701 | 70.777 | 70.854 | 70.930 | 71.006 |
| 930 | 71.082 | 71.159 | 71.235 | 71.311 | 71.387 | 71.463 | 71.539 | 71.615 | 71.692 | 71.768 |
| 940 | 71.844 | 71.920 | 71.996 | 72.072 | 72.147 | 72.223 | 72.299 | 72.375 | 72.451 | 72.527 |
| 950 | 72.603 | 72.678 | 72.754 | 72.830 | 72.906 | 72.981 | 73.057 | 73.133 | 73.208 | 73.284 |
| 960 | 73.360 | 73.435 | 73.511 | 73.586 | 73.662 | 73.738 | 73.813 | 73.889 | 73.964 | 74.040 |
| 970 | 74.115 | 74.190 | 74.266 | 74.341 | 74.417 | 74.492 | 74.567 | 74.643 | 74.718 | 74.793 |
| 980 | 74.869 | 74.944 | 75.019 | 75.095 | 75.170 | 75.245 | 75.320 | 75.395 | 75.471 | 75.546 |
| 990 | 75.621 | 75.696 | 75.771 | 75.847 | 75.922 | 75.997 | 76.072 | 76.147 | 76.223 | 76.298 |
| 1000 | 76.373 | | | | | | | | | |

# 参 考 文 献

[1] 施文康.检测技术[M].北京：机械工业出版社,2015.

[2] 梁森,王侃夫,黄杭美.自动检测与转换技术[M].北京：机械工业出版社,2022.

[3] 费业泰.误差理论与数据处理[M].北京：机械工业出版社,2015.

[4] 生利英.超声波检测技术[M].北京：化学工业出版社,2014.

[5] 浦昭帮.光电测试技术[M].北京：机械工业出版社,2015.